信仰是什么？你是如何理解的？肉体死亡就是全部生命的终结吗？或者说你相信存在一个「来世」呢？

Ten Eternal Questions

Wisdom, Insight and Reflection for Life's Journey

人生的十个永恒问题

[英] 佐伊·萨利斯 著

张梅 高媛媛 译

中国社会科学出版社

图书在版编目（CIP）数据

图字：01-2008-1715 号

人生的十个永恒问题/〔英〕萨利斯（Sallis，Z.）著；张梅、高媛媛译.—北京：中国社会科学出版社，2009.1

书名原文：Ten Eternal Questions

ISBN 978-7-5004-7232-2

Ⅰ.人… Ⅱ.①萨…②张…③高… Ⅲ.人生哲学—通俗读物 Ⅳ.B821-49

中国版本图书馆 CIP 数据核字（2008）第 147193 号

出版策划	任　明
特邀编辑	李晓丽
责任校对	林福国
封面设计	弓禾碧
技术编辑	李　建

出版发行	中国社会科学出版社		
社　　址	北京鼓楼西大街甲 158 号	邮　编	100720
电　　话	010—84029450（邮购）		
网　　址	http://www.csspw.cn		
经　　销	新华书店		
印　　刷	北京奥隆印刷厂	装　订	广增装订厂
版　　次	2009 年 1 月第 1 版	印　次	2009 年 1 月第 1 次印刷
开　　本	880×1230　1/32		
印　　张	8.25	插　页	2
字　　数	152 千字		
定　　价	25.00 元		

本书献给

约翰和丹尼

……看到对方改变了，自己也随之改变，爱就不成其为爱了。随着对方的变动，自己便也游移不定：噢，不！爱情应该是永远确定的界标，它藐视风雨，它永不飘摇。

——威廉·莎士比亚

献给最伟大的朋友

对主的倾诉，

愿主能听到，

进而进行心灵的交会……

主比呼吸更贴近我们，

主比手和脚离我们更近。

——阿尔弗雷德·丁尼生

目　录

引　言

　　您所有遇到过的最美丽的经历莫过于一种神秘感。这是一种基本的情感，是真正的艺术和科学的摇篮。那些不知道这些艺术的人，犹如行尸走肉，他们眼神呆滞，也不会再有惊奇或者赞叹。

——爱因斯坦

　　苏格拉底认为，没有经过思考的生活是不值得生活的。也许，这就是为什么他漫游在雅典的街头，主动向人们探询他们对于大千世界有怎样的看法和信仰的原因。但是，时至今日，又有多少人能够同意苏格拉底的交流思想就是文明进步的标志这一观点呢？当我们远离我们年轻的时代，远离那些整晚不休息，和朋友坐在一起无所不谈的日子的时候，哲学和道德的问题似乎从我们的脑海中渐渐淡忘了。可是我现在仍然很喜欢那么做。正是在我和儿子丹尼关于这个话题讨论个没完没了的时候，突然产生了写这本书的念头。邀请那些来自各行各业的公众人物就一些基本的问题发表自己的看法（也许此前他们从未有过这样的经历），我想，这应该是件极其有趣的事情。我记得，大约是在五年前，我开始写这本书。为了写好这本书，我开始四处采访。这既是一次非常漫长的旅程，又是一种极其有益的经历。我仍然记得，有一次在去比利牛斯山麓丘陵采访的过程中，坐在树阴下的木凳上，我开始了我的神奇之旅。当时，鸟儿的歌唱充溢着整个上空。另外，还有一场发生在巴黎一座风格独特的别墅里的采访。此外，我还去过以色列，那里的博物馆被各式各样的雕塑品装饰着，笔直地矗立在高高的悬崖上，海浪击打着下面的岩石，汹涌澎湃。当然，我也去过伦敦的宗教中心和清真寺、位于古巴的巨大别墅、好莱坞艺术家们工作的工作室及其住所、洛杉矶的威尼斯海滩。当然，我也绝不会忘记驱车前往开普敦，采访纳尔逊·曼德拉以及走访关押他的罗本岛监狱的情景。

有时候，人们对涉及信仰一类的问题避而不谈。但是，对于那些愿意回答此类问题，并且对我的工作极为支持的人，在此，我向他们表示我由衷的赞叹和感激。我欣赏这些与我素昧平生的人以及他们所给予的回答，正如伊顿——既是一名作家，同时又是伊斯兰教的权威，在我显得有些蹩脚的初次采访中，他的阅历，他的智慧，他的敏锐，都给予了我极大帮助。当然，对于认识多年的老友以及他们对我的问题的回答，我也同样感激。

我想，绝大多数人可能会对以下十个问题的答案比较感兴趣。

问题一：信仰是什么？你是如何理解的？

东方人曾说过：主比呼吸更靠近我们。那么，这是否意味着，这种自然的紧密关系不同于科学所告诉我们的——人类注定要信仰主，信仰主是人类进步的表现。这种信仰是真实的吗？或者仅仅只是一种意念而已？

问题二：肉体死亡就是全部生命的终结吗？或者说你相信存在一个"来世"吗？

人类是有灵魂的吗？在人死之后，灵魂还会存在吗？也许，人类不仅只有来世，可能还有之前之后的投胎转世。或者，正如一些物理学家所推测的那样，我们的多种变体也许就同时并存在这个宇宙之中。

问题三：就因果关系来说，你同意"业障"一说吗？

在牛顿关于运动的描述中，第三大定律是这样一种规则：每一种行为都有与其相等和相反的反应。在某种程度上，这种无情的命运规则即是俗语所说的"种瓜得瓜，种豆得豆"。这种规则适用于人类这种生物体的行为吗？除了人类之外，是否还适用于其他的生物体呢？

问题四：关于是非，你的道德准则是什么？

道德、良心、罪行、教育、宗教，聆听来自自己内心的声音，我们是如何确立自己的道德规范的呢？当道德的标准随着世纪的变迁甚至随着年代的变迁而不停地发生改变时，我们应该依靠什么来引导自己的行为，又应该使用什么样的标尺衡量呢？

问题五：你相信"命运"吗？你认为活着的目的就是兑现自己的命运吗？

我们的命运是前世注定的吗？我们有的是否仅是有限的自由意志，是在此时此地创造自己命运的吗？这些限制是由于人类内在的 DNA 所决定的吗？

问题六：迄今为止，生活教会了你什么？

尼采说过，生活在前，感知在后。难道我们只有在变老的时候，才能明白生命的真谛吗？

问题七：你愿意与你周围较亲近的人分享你的人生智慧吗？

《圣经》告诉我们，畏惧主是智慧的开始。在某种情况下，我们会给他人提供一些建议，但是，他们会接受吗？

问题八：你相信我们在这个地球上的生存正受到威胁吗？

金史密斯——《生态学》杂志的编辑，他认为：如果不能尽快改变自己的生存方式，那么，人类很快就会灭绝。这种观点是否可信呢？或者，还是已经出现了积极变化，使我们有理由对人类的适应能力保持一种乐观的心态呢？

问题九：在这个世界上，你最崇拜的历史人物或现实人物是谁？

在判断一个人时，我们是否需要知道他的身份、他的职业和他的追求呢？在我们的生活中，是否有某些人，他们的性格和成就都可以与过去的伟人相提并论呢？

问题十：你如何获得内心的平静？

你内心的平静是在孤单、沉思、祷告时，还是在听音乐中，或者是在对大自然的思考中获得的呢？又或是通过活动，在与别人的交流和创造性的竞争中获得的呢？

在接下来的篇章里，以上这些问题的答案将会以极其丰富、极其有趣的方式呈现，这远比我们最初所期盼的好得多。并且，这些答案呈现的顺序完全是个人的选择。我认为，它们能够帮助我唤起记忆，并保证了我思路的顺畅。因为是即兴谈话，所以，这些答案的内容都很真实，有时甚至会让人感觉到惊讶，但同时又会让人受到感动。当然，其中也不乏新鲜和有趣。无论如何，这些答案总的来说都反映了回答者宽宏待人的性格，真诚做人的特点。我希望读者能和我一样欣赏和珍视这些答案。

~1~

What is your concept of God?

第一问：

信仰是什么？

你是如何理解的？

保罗·科埃略

摩西（Moses）[①] 问主："您是谁？"主（God）[②] 回答说："我就是我。"主并没有说完整个句子。事实上，主是统一主语和宾语的谓语。描述主真的是不太可能的事情，因为当你每次想尽力这样去做的时候，无论怎样，你都会遗漏掉他的复杂性，同时还有他的简单性。我信仰主并不是因为某些逻辑的原因，而是因为这就是一个选择。当然，我个人的理解是基于我信仰主的经历。

哈利·戴恩·斯坦通

主是不可定义的。道家有一种无为[③]的说法。用道家的语言来表述，那就是：这不是情感的领域，也不是意识的领域。这是一种本体，一种无为，一种空虚，是现象的起因，一切事物的显现。我认为每一次呼吸都是祷告，每一刻都在祷告。主

---

① 摩西，犹太教、基督教圣经故事中犹太人的古代领袖。据《圣经》记载，他带领犹太人迁回迦南，并在山上接受上帝写在石板上的"十诫"。犹太教则称《圣经》的首五卷出自摩西之手。——本书的注，除标出者外，均为编者所加。

② 本书的"God"均译作了"主"，下文不再标出；译作"主"而原文不是"God"之处，均一一注出。——译注

③ 无为，道家的哲学思想，即顺应自然的变化之意。老子认为宇宙万物的根源是"道"，而"道"是"无为"而"自然"的，人效法"道"，也应以"无为"为主。

I believe in God,
not because I have logical
reasons to believe but
because it was a choice.

PAULO COELHO

我信仰主并不是
因为某些逻辑的原因，
而是因为这就是一个选择。

保罗·科埃略

无处不在，无所不知。有人甚至可能会将这称为泛神主义。

博　诺

　　宇宙之中有真爱和逻辑，这一观念是我所珍视的东西。这一观念正如一个赤裸裸来到人世间的婴儿一样，能够给与我早起的理由。也正是这一比喻提醒了我。我要立刻赶回去过圣诞节。随着人流，我去了教堂，听孩子们唱圣诞颂歌。但是，我感到非常疲倦，因为我这样做仅仅是因为我觉得它是件浪漫的事情,而不是想着它有多么的神圣,或者什么别的原因。分配给我的是大厅里一个较差的位置,在石柱子后面。说实在的,我甚至根本听不清楚他们到底在唱些什么。停止打瞌睡!因为我并不是睡在床上。我把目光移到我前面的合唱谱上,此刻我才明白我们称之为主的东西有多么的完美。正如我们在都柏林所说的那样,他选择出生在一个马厩里。① 我认为,这是迄今为止我们关于主的最为引人注目的想法。我想我们无论在哪里寻找主,都应该穿过谦逊这扇门,跨过儿童般虚弱的那道槛。极少有音乐家不信仰主的。

朱尔斯·霍兰德

我认为,主是一个漂亮的、有胡须的家伙,他能够看透一切,也能够被一切善的事物所感知。他如优美的旋律,又或者如对陌生人的善意的行为;或者如一栋雄伟的大楼,又或者如使人免遭雨淋的雨伞。总有某个人比我们这些人更加强大,更加重要。

扎克·戈德史密斯

每一种语言,每一种文化,都有关于主的独特的措辞。

---

① 马厩,相传圣母玛利亚经过伯利恒,因乡村旅店客满,只好寄宿在旅舍外面,当夜在马厩里生下耶稣。故西方很多地方在圣诞节会特意摆上马厩模型,以纪念耶稣诞生。

— 5 —

For me, the living world,
the planet,
is a miracle of God.
ZAC GOLDSMITH

对于我而言，
这个生机勃勃的世界，
这个星球，是主创造的奇迹。

扎克·戈德史密斯

纵使处在相反的两极，犹如佛教和伊斯兰教，在对主的理解上也有许多重要的共同点。在某种程度上，主比我们强大。他超越了我们理解的范围。如果不是别的，那主就是激发起人们遵从和谦虚的动力。对于我而言，这个生机勃勃的世界，这个星球，是主创造的奇迹。它是不能再被创造得更好或者说再改进得美好的事物。几乎所有的传统宗教都认为它是主馈赠的礼物，而且我们也应当这样认为。主是那些我们无法理解的东西的代名词，尽管现代科学技术如此的傲慢自大。谜终究是谜。那些尝试解开谜团的行为，正如我们有政府支持的基因学家正在进行的活动一样,将会引起无法控制的后果。正如《古兰经》（Qur'an）[1] 里所说的,每一片树叶,每一道影子,都印着主的印记。在某种程度上,地球本身就是主的写照。

西蒙·佩雷斯

即使在困惑的时候,也不要将主排挤出去。因为我们无法通过笛卡儿的哲学,合理地解释某些东西,生命的创造依然是个谜。维系人类的方式,万事万物运行的秩序,都意味着我们需要主来填补这段时期,填补我们意识的空洞。同样,我们的内心也需要主[2];否则的话,我们就和动物没有什么两样。因此,我们需要心外的主来解释已经发生的和正在发生的一切。同样,我们也需要心内的主来保持我们的良知,使我们的人生更有价值。从根本上说,我同意福楼拜[3]所说的:主和人是有区别的。其原因主要在于:主自始至终都是负责任的,而我们,只对介于两者之间的事情负责任。这就使生活变得简单了。

---

① 《古兰经》,一译《可兰经》,伊斯兰教最高经典和最根本的立法依据。其内容主要是伊斯兰教创始人穆罕默德在传教过程中作为安拉的"启示"陆续颁布的经文。

② 此处的"主"原文为"Lord"。——译注

③ 福楼拜（1821～1880）,法国批判现实主义作家。著有《狂人回忆录》、《十一月》、《包法利夫人》、《情感教育》、《众所周知的真理辞典》等。

宗教和信仰之间也是有区别的。宗教是一个有等级、有秩序的组织。而信仰则是那些你怀揣在心里，在你和主之间没有调解人的东西。信仰没有等级，没有秩序。所以从这个角度来说，我不是一个宗教徒。因为我相信在主和我之间不需要任何人。主在我的心里，我不需要调解人。

达第·强奇

主，所有人类灵魂的父母，宇宙的创造者。关于主，还有很多让人迷惑的地方。但是对我而言，主和我之间有着很清晰的联系，很亲近的感觉。主是敏锐的，无懈可击的，是永远的赠予者和捐助者。主不会有差别地对待任何人。我们把主视为一道光环，所有的善良、美德、真爱、真理、和平、快乐和智慧，都笼罩在这道光环之下。主是这些品质的集合者，这也就解释了：为什么我们总是能在不同的层次上和主保持联系，把他当做我们的母亲、父亲、老师、朋友、敬爱的先导的原因。

阿宾娜·迪·鲍斯罗维瑞

爱因斯坦教导我们：一切事物都是能量。所以我猜想，主必定是与真爱、光明所带来的力量与能量、进步的事物以及善相关。主是不能被宗教所人格化的神。

　　这是意大利画家拉斐尔的《圣母子》。画家笔下的圣母和中世纪的圣像画完全不同，体现了母性的温情和青春健美，被誉为世俗理想战胜宗教理想的最突出的艺术表现。但在有宗教信仰的人们的心目中，她们是神圣的，是铭刻在心中的完美形象。

阿尔弗雷德·格瓦拉

　　主存在于你良心的最深处。日常生活和周围的琐事困扰着我们以及我们的良心。这些喋喋不休的嘈杂声不仅仅是噪音，也是来自生存的压力。换句话说，现代人的现代生活节奏与个人的反省并不一致。我认为，现代人——我们的这一代人，需要冷静和反省，需要学会放弃那些没有实现可能性的东西。如果放弃了冷静和自我反省，人们就会从根本上放弃自己的谦逊品质，迷失自我，失去信仰。天主教堂以及其他的教堂和宗教，都是通过布道，要求人们时不时地从行程中抽出一定时间停下来自我反省。通常人们会选择最为孤僻的地方，最没有人气的地方，却又是和宇宙相伴而行的。这种和宇宙的交流，这种关于无限的内外观点，这种无限大的无限性，就是主与我之间的关系。有一些看不见的和谐物质。有一种音乐的回响。

　　在希腊哲学家的眼中，这种宇宙的统一性是对现存事物的实践性的解释。在文艺复兴时期，这种观点和信念又重新复活了，并且这笔极其丰富的遗产被通过不同的框架所表现。在研究爱因斯坦时，我突然意识到他的最杰出的直觉、最明智的教诲和最有效的指示，都是受宇宙统一性引导的。我要说，这是每一个思考者的必由之路。生活中总有些不确定的因素，但这并不能压垮我。希望之门永远是向人们敞开的。

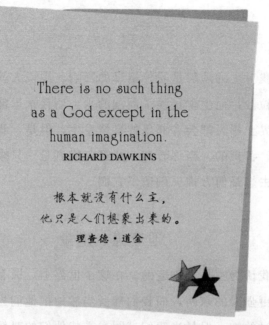

There is no such thing
as a God except in the
human imagination.
RICHARD DAWKINS

根本就没有什么主，
他只是人们想象出来的。
理查德·道金

迈克尔·菲茨帕特里克

主的存在对我来说最直接的表达是通过音乐，通过音乐我感知到了主的存在。这是我听音乐的一个原因。而试图在内心和主进行直接的会晤，是我演奏音乐的另一个原因。这是一次很荣耀的经历，有一种与主的心照不宣的同一，整个人如浴圣光。这是一次神秘的经历，我感到心胸开阔。这是一次很神奇的经历，我心智顿开，感觉充实。真爱充溢着我的整个身体，我感受到了，就把它化成了音符。

吉利·库珀

我对主的理解是受外祖母的影响。她说人就像果酱罐里的一粒沙，而主就是沙子周围的水，而且永远都是。尽管这个世界上每天都会有邪恶的事情发生，但是，我相信主是仁慈的、善良的。当你看到一朵野花或者是一只蝴蝶，你会不由得去想是何方神灵创造了它们。

理查德·道金

我认为主是人创造的。在这个世界上，极有可能存在比人类更强大的东西，而我们理所当然地把他们当作我们曾经遇到过的神。但是当我们试图去查找他们的时候，却发现他们也和我们一样在不停地进化着。因此，不是神创造了宇宙，也不是神影响了人们的生活，也不是神在聆听人们的祷告、在宽恕人们的罪恶……根本就不存在超自然的东西。如果有什么比我们人类更高级的生物，那就是通过同样的进化过程生活在其他星球上的自然生物。换句话说，根本就没有什么主，他只是人们想象出来的。

乌娜·M. 科罗尔

主就是爱的化身，但同时也是不可知的。他超越了人们的情感、想象和经历。但是主通过对创造物所表达的爱和人格化的神——耶稣基督①，让我们隐约地领悟他。作为一个基督教徒，我寻求与主保持同一。通过耶稣的教诲和等待圣灵的指导——它能够"引导我通向真理"（约翰 14），我发现主超越了任何我所建立的关于主的人格化的形象。

纳尔逊·曼德拉

关于主的问题是个私人问题，是关于所信仰的超自然实体和个人之间的关系问题。所以我想说的是，宗教是世界上最强大的力量，不管是基督教、印度教还是伊斯兰教。无论你是否信仰宗教，但如果你不曾考虑到这一点，你就会犯下严重的错误。

杰克·尼科尔森

尽管我有许多关于主的想法，但是，我还是不能理解主。或多或少，我还有不知道的东西，以及对于自然力量的信仰。我羡慕有信仰的人。但我本人不是一个有信仰的人，

---

① 耶稣基督，耶稣是基督教的崇拜对象，被奉为上帝之子，由圣灵感孕童贞女玛利亚，取肉身降世成人的救世主。曾有人怀疑历史上是否确有其人。一般认为耶稣于公元前 7～前 4 年间生于罗马帝国的属国犹太（后改为行省，在今巴勒斯坦），公元前 30 年左右被罗马派驻犹太的总督本丢·彼拉多钉死在十字架上。基督为希腊文音译词，意为受膏者，指上帝敷以圣膏而派其降世的救世主，本为尊称，后常与耶稣连称。

Religion, whether it is
Christian or Hindu
or Muslim, is the most
powerful force in the world.
NELSON MANDELA

宗教是世界上
最强大的力量，
不管是基督教、
印度教还是伊斯兰教。
纳尔逊·曼德拉

所有与宗教有关的东西都超出了我的理解范围。我祷告，我和我头顶上的许多东西交流——如果有人正在听这种交流的话，他就会发现。对于我们而言，真正必要的是对死亡和未知的恐惧。

法拉赫·巴列维

对于我来说，主是指引者，是老师，是朋友，是保护者。他给我指明了通向善良和美好的道路。主无时不在。主是仁慈的，他总是在你困难的时候帮助你。他是唯一一个能了解你内心的人。

西耶德·侯赛因·纳撒

主是万能的。从形而上学的角度来说，他排除了异己的力量。他就是他自己，他就是全部的事实。主是无限的，在他无限的本质内包含着所有的能力。宇宙中什么都没有，过去没有，将来也没有。整个世界，整个宇宙，甚至所有的创造物，在神的世界里都是无根的。主是一切美好的源泉，因为在某种意义上说，赠予是神的本性。例如，我认为，主不仅是超越我们而存在的，也是无处不在的。他超越了我们的感知，但又活在我们的心中，活在他的创造物的心中。

我不是那种声称神学不重要的人，也不是认为只有宗教才重要的人。神学是极为重要的。神学旨在阻止人们歪曲对主的理解，阻止人们因为错误的见解而沾沾自喜。然而，宗教最终的目标不仅是给我们提供正确的理念，而且能让我们经历宗教生活。我相信人类最终的目标是成为神的见证人，知道神的存在。我认为所有宗教的最终目标都是了解和经历神。

埃玛·萨金特

我不能想象如果人们不信仰主会是什么样子。我猜，那一定是很空虚，很单调，很无趣。我祷告并且相信主就是一切。每个工作日结束后，我都想感激主。因为我不相信那是我所做的工作，我只是伸出了手而已。任何一项有创造性的事业都是由于主的帮助完成的。

大卫·弗罗斯特

我认为主是一种可以接近的力量。很难说，主会回应所有的请求。因为这个世界上总是有好的，也有坏的。你必须回到最原始的观点。人选择了放弃主，因此疾病和邪恶都不是主的责任，但是主却依然乐意帮助那些信仰他的、愿意靠近他的人。在这方面，我认为每个人都会有自己的想法。不过可以确信，我信仰主。

迈克尔·雷德福

有一种印象是你生来就有的，就是有一位强大的、长着胡须的人①，他照顾你，同时也惩罚你，促使你做好事。虽然我的母亲是位犹太人，我也是被灌输着这样的思想长大的。我是一名中产阶级的圣公会②的教徒。所以我永远也无法真正摆脱"有某种东西在那儿"的念头。但是，从正统的经典的意义上来说，我真的对主没有任何了解。我常常在想，

———————————

① 指公元前 13 世纪的犹太人先知摩西。

② 圣公会，基督教新教主要教派之一，16 世纪欧洲宗教改革运动时期产生于英国，也称英国国教。其最高主教是坎特伯雷大主教。

　　这是尼德兰文艺复兴初期的艺术巨制——根特祭坛画（局部），它标志着尼德兰文艺复兴时期的绘画水平，画中描绘了受胎告知的唱诗班。透过人物隶穆庄严的神情，人们仿佛感受到她们内心那崇高的信仰。

要是我能理解主或者是与主有过接触，那该有多好啊。因为如果是那样的话，我的生活就会变得非常简单。我是那种注定生活在疑问中的人。是谁在操控着我的人格，我的良知，和最美好的事物？当我还是一个孩子的时候，我就知道，那是一位长着胡须的老人。对于主，我现在还是有这样的疑问，因为，我相信主只是理解这个宇宙精神实质的多种方式中的一种。

安吉丽卡·休斯顿

我把主视为一切。我认为地球上一切事物都是主的类推。正如身体包含着所有的成分，而我们就是主的成分。我想说：所有的事情——不管是直觉、感情还是情绪，都与主有关；所有这些东西——诸如空气、土壤、树叶和雪片这些物质的东西，同样与主相关。

鲍勃·吉尔道夫

我没有主的概念，所以我也就没有信仰。这正像一个奇怪的念头在冲击着我，而且我并不能试图聪明地说有这种观念的人全都是"星迷"（Star Trekkie）。你知道的，这个至高无上的人，这个庞大的宇宙中智慧上的瑕疵，或者是一道灵光，一个长着胡须的老人，一位妇人，我不知道，就是感觉很奇怪，为什么必须要有这样一个人呢？

史蒂夫·范

我认为，从事实上来说，主是我们即使用尽人类所有的意识也不能彻底的理解的。但是，在我们的人生中，总会有一次与主相遇。我们和主之间是个体与个体以及持续演化的关系。我呼告"主"并不是为了图方便。我认为主不是"他"或者"她"或者其他相同的东西。我愿意把主看作至高无上的真爱。人类绝大多数的爱都是自私的，而主的爱是不同的。我想我们每天都在和主打交道，只是自己可能没有意识到而已。

彼得·乌斯蒂诺夫

我们无法对周围一切神奇的东西负责。因此，为了我们自己的利益，我们必须创造出比我们强大的东西来约束我们自己。但是，我依然不知道它是什么或者是什么人。我所知道的一切，正如我曾经所写过的，拥有良知就能看到主。我不相信什么其他的东西，但是我愿意时刻等待那精彩的一刻。我认为，就是那种品质把宗教和神灵联系起来了。

弗雷·贝托

主就是爱的化身。圣约翰（St John）[①] 说主爱那些知道他的人。很有趣的是，他没有说成是主知道那些热爱他的人。原因就在于每一次人们感受到爱就是在感受主，虽然有的人意识不到。就我个人而言，耶稣就是现实中的主。主驻留在每一个人的心里。

艾德·贝格利

我信仰比我强大的力量，一种能够使宇宙统一的力量。就是那种能够创造宇宙大爆炸[②]和 DNA 奇迹的力量。对于科学我知之甚少，但是我知道基因密码[③]，那是由四个相同的核酸所组成的三组密码，它们详细说明了每个生物体的蛋

[①] 圣约翰，亦称圣徒约翰，指圣经故事中耶稣的门徒约翰。天主教尊其为圣人。

[②] 宇宙大爆炸，现代宇宙学关于宇宙形成的一种最有影响的学说。产生于 20 世纪 20 年代。这种学说根据天文观测研究而得出一种设想：约在 150 亿年前，宇宙所有的物质都高度密集在一点，有着极高的温度，产生巨大的爆炸。大爆炸以后，物质开始向外大膨胀，从而形成了今天我们看到的宇宙。其代表人物为比利时天文学家勒梅特、美籍俄国天体物理学家伽莫夫、美国天文学家彭齐亚斯等。

[③] 基因密码，以三联体形式储存于生命体细胞核里的脱氧核糖核酸（简称 DNA）分子中的一组密码子。它以 DNA 分子中相邻的三个碱基代表一个密码子。

白质内都能发现 20 个相同的氨基酸的顺序。这就是那种神秘的力量，宇宙之谜的一部分。对科学了解得越多，我就越信仰主。因此我有许多信仰。

吉安弗朗科·菲利

主就像人的大脑一样，能够规划一切事情并使之运转。有时也有人对我们的信仰给出提示。是的，我信仰真实的主。

索菲娅·罗兰

就我而言，主是不能用理性和逻辑来解释的。

罗伯特·费斯克

很显然这不会再发生了，因为在 90 亿年前两块云团就已经相撞了。在贝鲁特①，我经常和我的司机这样交谈。我对他说，如果越过黎巴嫩的山脉，你就会看见郁郁葱葱的树林，湛蓝的天空，还有雪花。我们彼此用天使的语言交流，我们人类，而不是云团。很明显，是有某种东西，是有某种我们无法理解的力量。我也不知道，我不是一个信徒。

---

① 贝鲁特，黎巴嫩共和国首都。

曼戈苏图·布特莱齐

我完全信仰主。是的，我真心祷告。事实上，当我回过头来审视我走过的路，发现自己碰到过不少敌人——那些试图谋杀我的人。假如没有祷告，我无法相信我还活着。是主在保佑着我。祖鲁人（ZuLu）[①]有一个描述主的词——Umvelingangi，意思是第一位创世主。我从出生起就是基督教徒，我对主的理解就是基督教徒的理解。每天早上沉思一会儿是我的惯例，这习惯从未打破过。

伊拉娜·古尔

我不是主的伟大信徒。我只相信我自己，因为我从未见过援助之手伸向哪一个不能够自我救助的人。很明显是有某种力量，但我不知道该如何描述。我也不知道是否有人曾经见到过。我认为最重要的就是要相信你的追求。所以我相信我的主就是我的追求。我不做祷告，也不去沉思，我只相信我自己。

[①] 祖鲁人，亦称阿马祖鲁人，南部非洲民族之一。主要分布在南非纳塔尔省、莱索托东部和斯威士兰东南部。多保持多神信仰，部分人信仰基督教。

　　加拿大的画家劳伦·斯·哈里斯的画作《里士满街上的房屋》，是一幅光与色的交响曲。在秋阳的照耀下，那纷纷飘落的秋叶在有些人看来，它们与自己所信仰的主相关连；而在有些人看来，那就是大自然赋予人类的绚丽的景象。

I don't think I would still
be alive without prayer. It is
only God who protected me.
MANGOSUTHU BUTHELEZI

假如没有祷告，
我无法相信我还活着。
是主在保佑着我。
曼戈苏图·布特莱齐

罗伯特·格雷厄姆

我信仰主，但是我对神并不了解。我通过工作来祷告，我认为工作就是祷告。如果你通过工作来祷告，你的祷告能够让你的工作具有真实性。艺术家是幸运的，因为他们能和宗教发生直接的联系。但是大多数人都没有这样的联系，他们需要一个能使他们和主联系的东西。

查尔斯·勒·盖·伊顿

主超越了所有的意念。如果必须要我下个定义的话，那就是"脸"（face），或是转向人类的真实的一面。使不可得的东西变成可得的。穆罕默德有一句鼓舞人心的训导："我是隐蔽的宝藏，我喜爱被认知，所以我创造了世界。"这是一种可能的互惠主义，因为在人们的内心深处包含着"心灵之镜"中的"隐藏的宝藏"（Hiddan Treasure）的反映。

戈尔·维达尔

我对人格化的主（人们想象中的"主"）并不了解，我也不认为在这个宇宙中有什么东西超越了人的理解，因为那种话听起来很费解。

～2～

Do you think
this life
is all there is,
or do you
believe in
an afterlife?

第二问：

肉体死亡就是

全部生命的终结吗？

或者说你相信存在

一个"来世"呢？

肉体死亡就是全部生命的终结吗？
或者说你相信存在一个"来世"呢？

阿宾娜·迪·鲍斯罗维瑞

　　我和法国哲学家帕斯卡谈论过这个问题，他说赌一赌总比不赌的好。一方面，如果我用逻辑思维来思考，就根本想不出来世是什么样子的，我看到的只是人们死去，是死亡。可另一方面，我确实感觉到了来世的存在。我感觉到与死去的人有一种联系，与我们所说的主有一种联系——这是从光明与爱的层面来说。如果这个世界有任何目的，那就说明主是存在的，并且是超越了我们的精神而存在。我称之为超验精神。

　　……我感到我们身在旅途，正驶向某个目的地。但我已经放弃了试图领悟或发现那个地方。我只是将自己置身于那种力量或者说是光明之中，我飘浮着，让自己任之摆布，任自己驶向任何我们想要去的地方。无论是从科学还是物理的角度来说，这个物质世界都是如此精确——冷漠而又细致地精确，以至于在这个混沌的宇宙中，无论大小，总要有个计划。这是令人难以置信的。它不是偶然但也不是必定。我想，正是这样荒诞的虚无证实了某种东西的存在。

迈克尔·菲茨帕特里克

　　我认为这就是来世！不，认真地说，应该是这样的：我在放音乐的时候，感到我们此时此地就是永恒。当我们置身

I feel that we are on a trip,
we are going somewhere,
but I have given up trying to
comprehend or discover it.

ALBINA DU BOISROUVRAY

我感到我们身在旅途，
正驶向某个目的地。
但我已经放弃了
试图领悟或发现那个地方。

阿宾娜·迪·鲍斯罗维瑞

于永恒中时，我们会意识到它就是生死、轮回，就像是季节的交替，宇宙的运转。我们就是宇宙之音的音符，音乐演奏永恒。

吉安弗朗科·菲利

对于我来说，来世不是一种物质性的生命。我们可以使逝去的爱人继续爱我们并与我们同在，这取决于我们对逝去的人爱得有多深。这是因为我们有一种由于我们与他们相爱

— 30 —

所产生的力量。尽管事实上他们离去了，但正是由于你对他们的记忆和他们与你之间的强烈的情感，使他们活在你的心中。

阿尔弗雷德·格瓦拉

当人类懂得了人体解剖，了解了人体的整个内部构造以及它们之间的相互联系之后，我们才开始意识到确实存在着一个使它运行的系统。这个系统使各部分之间的相互联系决定了整体的机能。对于人类来说，这个系统会是灵魂吗？我不知道。但不管是与不是，我都知道这个系统不会消亡。它不会死去。

……自历史的开端、记忆的起源以来，系统就存在于地球上，不管它是一个社会的记忆，还是曾经相爱的人们之间的记忆。因为任何存在的事物，它都不仅是以其自身形式存在着，而且也是与其他事物同在。我爱过的人长驻我心，并会继续与我同在。我想象我死后将继续与爱过我的人们同在，与我的作品同在。如果我曾播下什么种子，那必定不是因为我曾经传授过一种真实的或者理性的思想，而是因为（上面的）这些想法我被人爱戴，或者是因为我也深深地爱着他们。我无法忍受虚无，理智地说，我接受不了。

— 31 —

达第·强奇

所有的传统观点都认为灵魂是永恒的。不同的是，有些认为是有来世的，它存在于其他地方或者另一维空间；有些则认为在这个物质世界上还存在着另一种生命。我认为我的灵魂处在物质旅途中，这具特殊的身体只是个道具，当我使用这件道具扮演完了我的角色后，死亡就到来了。灵魂与肉体分离后，那是另一次重生。因此，我觉得在这个世界上生命是存在连续性的。一系列的生与重生。是的，我的确相信转世，但我使用"重生"（rebirth）这个字眼而不是"转世"（reincarnation）。转世暗指灵魂来自于另一个空间。它一旦来到这个物质世界，就在这里重生。

戈尔·维达尔

我们就像是使地球受感染的病菌，正侵蚀着这个世界，不久之后我们就会消失。我们的灵魂会永远存在，这种说法简直太可笑了，除非我们被用光的形式记录下来，所有光的形式都有我们的影像，一直到宇宙的尽头。因此，在这种形式上说，不朽是存在的，就像是永存的老电影或电视节目，因为它们一直被反复播放，所以是永存的。所以，我们也有可能被制成反复播放的磁带。但是一旦我们死去，我们就会消失。

肉体死亡就是全部生命的终结吗？
或者说你相信存在一个"来世"呢？

法拉赫·巴列维

我认为一个人的来世取决于他在今生的所作所为。因为人们最终记住的是你的行为，不管是好是坏。而且我认为也正是这，决定了你的来世是在天堂还是在地狱。即使是几千年以后，伟大的行为也不会被遗忘，因为它们为后来人指明了道路。

西耶德·侯赛因·纳撒

我们在主身边留下了一段超越尘土、超越现世、超越历史的事实，之后是我们的第二种存在状态，那就是来到这个世界上，最后我们又返回到主的身边。成为人，从某种意义上来说也就是被诅咒为不朽。谁都回避不了永生这个问题。有些人认为他们会被主遗忘，当死亡来临，意识也就随之终结。但事实并不是那样。天堂①、地狱②、炼狱③都是真实的。

---

① 天堂，基督教教义之一。与地狱相对，是信仰耶稣基督的人灵魂被接纳享永福之地，也是上帝的在天居所。

② 地狱，与天堂相对，基督教希伯来文转意译词。犹太教经典中原意为"阴间"，仅指死者灵魂的去处，并不涉及赏罚问题；后为基督教人转其意而用，指不信仰耶稣基督的恶人灵魂于"末日审判"后被投入受永刑之地。

③ 炼狱，天主教（基督教的一派）教义中人死后暂时受苦的地方。该教称善人死后升入天堂享永福，恶人死后下地狱受永罚；如善人生前罪愆没有赎尽，死后升天堂前须在炼狱暂时受罚，至罪尽为止。

There is no way of
evading immortality.
SEYYED HOSSEIN NASR

谁都回避不了永生这个问题。
西耶德·侯赛因·纳撒

几乎所有宗教——不仅亚伯拉罕教派，而且琐罗亚斯德教（Zoroastrianism）①、佛教、印度教，也都说到了地狱和天堂，它们都是真实的。一些宗派，比如说儒家学派，并没有详细、确切地说明人死后的状态，但是他们也没有否认过上述存在。我们的身躯死后，灵魂仍然不灭。

———————————

① 琐罗亚斯德教，古代流行于伊朗和中亚细亚一带的宗教，创始者为波斯人琐罗亚斯德（约公元前 6 世纪，一名查拉图斯特拉）。也称波斯教、拜火教。南北朝时传入中国，唐代称为祆教、火教、火祆教或波斯教。该教以《波斯古经》为经典。如今，该教在伊朗及印度部分地区尚有信徒。

　　这是地球上的人们都熟知的金碧辉煌的维也纳金色大厅。每当金色大厅那美妙绝伦的音乐奏响之时，无论何时何地，人们都会感到此时此地就是永恒……

……人死去之后灵魂也随之消亡，这种说法太幼稚了。无论我们做什么，都是以人的身份。我们要对自己的行为在来世所造成的结果负责。作为人类，我们或是拥有和主相似的容貌，或是成为他的继承者，或是成为主的代言人，以求将主记在心中。我们或是过着善良人的生活，这样死后就可以靠近主——美与善的源泉；或是过着一种相反的生活，死后我们才知道什么是善。与善良之主的决裂只有进地狱。是的，我完全相信个人的灵魂和他的一切能力，不管是理性的、智力上的还是想象的能力，都不会消失。

杰克·尼科尔森

我表现得就好像生命就是这样似的，这是我的感受告诉我的。当然我希望发生过的一切可以继续下去。

吉利·库珀

我在一部小说中写到过我的一位朋友的亲身经历。她在进行剖腹产时晕厥了过去。在整个过程中，她唯一能够意识到的就是这样一种情景：她沿着一个漆黑的隧道向前走，隧道的那一头是一道奇怪的白光。她很想穿过那道白光去感受神奇的魅力，但洞口一位手持白板的天使对她说："你不能过去，我们不接收你。人世间还有人需要你。"她感到很失落，因为她非常想穿过那炫目的白光。当最终苏醒过来时，她发现自己的孩子已经安然无恙地出生了，丈夫正在一旁焦急地盼着她醒来。我认为这是一个非常感人的故事。另一个世界可能就是那个样子的吧。我想，生命并不全是只有现在这种样子，所以我相信还有来世。

乌娜·M. 科罗尔

耶稣的弟子托马斯①在看到耶稣复活前一直不相信会有来世，耶稣对他说："主保佑的是那些看不到来世却渐渐相信有来世的人。"我相信来世，那是一条我称之为信仰的漆黑的未知之路。我相信，我的身体和我的思想都会死亡，我现在所感觉到的意识也都将消亡，但是我会以一种新的方式获得重生，受到主的宠爱。这种爱不是把我吞没，而是把我包围起来，将我作为主的一个孩子被珍藏起来，让我懂得什么是爱的真谛。

史蒂夫·范

我认为灵魂是永恒不灭的，它以转世的方式从一个人的肉身转移到另一个人的肉身。事实上很多人都是这样认为的。灵魂是随着一具身体、一系列的道德观念和目标来到这个世界上的，通过与思想分离，除去欲望，这些观念与目标

_____

① 托马斯，耶稣十二弟子之一。天主教尊其为圣人，故亦称圣托马斯。

> I believe in an afterlife
> in that dark unknowing
> way which I call faith.
> UNA M. KROLL

> 我相信来世，那是一条我称之为
> 信仰的漆黑的未知之路。
> 乌娜·M.科罗尔

帮助灵魂实现了进化与升华，最终达到了对主的意识状态。至于来世，也就是当我们死去或者是处在来世的暂时阶段时，那是一个没有尽头的变幻莫测的世界。根据我们前世或者前几世积累产生的业绩，我们就在这种思维模式的来世深渊里停留过一段时间。有些可能是好的，有些是坏的，但是他们当中的元素在来世的无数天堂和地狱中却发挥着作用。这种经验帮助形成了灵魂的道德结构，然后成为我们应付来世的武器。这是我从孩童时期就感觉到的。当然，我证明不了它，但我相信世界上有人有过这种亲身体验。

莎朗·斯通

我相信爱因斯坦的时间理论，我认为我们所有的生命形式都是在同一时间进行的。

西蒙·佩雷斯

我认为生命就是生命，它是万物、人类去体味生活、贡献所能的偶然机会，然后以另一种方式消失。我认为生命总是在继续的。因此我不觉得我是在不断地重复自我，单个的自我并不是任何事物的终结，没有我生命仍将会继续下去，那是我们所有人的延续，不是个人的。转世？我认为这是一个错误。因为那样你就会将你的优点延期至来世展现。现在，你就将那些优点表现出来吧。

理查德·道金

我绝对自信地认为，没有来世的存在；换言之，没有个人意识的延续。如果用其他方式给来世重新定义，那么从某种意义上来说，基因的确是从一个身体里传到另一个身体里，但我认为用"来世"（afterlife）这个词来描述它就有些误导了。

— 39 —

索菲娅·罗兰

我们必须绝对尊重来世，它回馈我们的善行，惩罚我们的罪恶。

查尔斯·勒·盖·伊顿

如果我不相信来世（flereafter）［"真正的生命"（real life），根据《古兰经》］，我就不能自称为伊斯兰教徒。但信念是什么呢？我们每个人属于不同的教派，常常相互抨击。有这样一个典故：有人问一位爱尔兰牧师，他的教徒怎样看待来世。他说："他们相信宗教关于审判、天堂和地狱的教义，同时，他们也认为当你死了，就是一切都消亡了。"两种信念并存！

很少有人是执著、坚定的。如果有人毫不置疑地坚信天堂的存在，而且他也是属于天堂的，那么他必然急切地期待着死亡的来临，他的一生也必然是在这种确定无疑的信念中度过的。有多少人相信这是真的呢？甚至那些虔诚的信徒又有多少相信的呢？如果你问我："你相信吗？"我肯定会说："相信！"如果你问："你确定？"我会转身走开，或者这样回答："有时，在祈祷的时候。"如果你在一个寒冷潮湿的早晨而我又情绪不佳的时候问我同样的问题，你又会得到不同的回答。

— 40 —

肉体死亡就是全部生命的终结吗？
或者说你相信存在一个"来世"呢？

哈利·戴恩·斯坦通

来世？你出生之前在哪儿？不，我不相信人有灵魂，这不符合科学的准确性。而且你知道，我们都是由能量组成的，是能量的变体，这是不争的事实。我们由原子构成，并且是转瞬即逝的，没有什么是固定不变的。很显然，我们都要消失——这个星球会消失，太阳会消失，不再出现，这些已经经过了科学的证实。

保罗·科埃略

我不相信时间，因此也不相信未来和从前。我认为我们生活在此时此地，在这一时刻，宇宙在被创造的同时也在遭受破坏。我认为一切都是同时发生的，发生在整个宇宙的同一个点上。所以，现在我正在和你交谈，同时也正在过着一种几万年前或几万年后要过的生活。这就是为什么我认为我现在做的每件事都能把我从过去挽救出来的原因。时间是抽象的。我们花时间来积累资料，也就是记忆。

纳尔逊·曼德拉

有些人认为人死后会到另一个世界，有些人认为那个世界就是我们置身的这个世界，这些问题实际上是很私人的话题。

I believe we are living
here and now, in the moment;
the universe is being
created and being destroyed
in the present tense.

PAULO COELHO

我认为我们生活在此时此地，在这一时刻，
宇宙在被创造的同时也在遭受破坏。

保罗·科埃略

曼戈苏图·布特莱齐

在古代的祖鲁部落时期，当基督教教义还没有传开之前，我们相信来世。埋葬一个人时，必须用他的物品、器具等来陪葬，这象征着死后生活仍然在继续。这在祖鲁人的宗教信仰中甚为明显。祖鲁人一直认为祖辈的精神连接着他们与主。祖鲁人有个风俗，在重要的人死去之后要举行一个仪式，这是被称为"Ihlambo"的净化仪式。在仪式中，人们请求死后的人照顾他的家人。

肉体死亡就是全部生命的终结吗？
或者说你相信存在一个"来世"呢？

博 诺

如果生命仅仅是这样，我会觉得非常失望。拥有这样可贵的生命，我从不对世间的丑陋感到惊讶，对美也同样如此。我明白适者生存，尽管生活不甚如意，但是有兴趣的人仍然能从生活中寻找到友情、洞察力和知识。不管在何种情况下，他们也都会永远葆有这些可贵的品质。我完全相信这些品质是永恒的。我习惯把地狱比作一团烈焰，它能够烧毁一切糟粕，仅留下精华。我想，可能那里就是事物的洗涤之所，也可能正是"开始就是最后"（the firest will be last）这句话的含义所在。如果你穷尽一生追求的是物质享受，那么，你最终拥有的可能会很少很少。我觉得我有许多信仰。音乐家一般都有很多信仰。当你在某个街角偶尔听到一个音符时，你就要自信地等待下一个音符的出现。如果我第一次的生命将成为最后的一次，那么我可能就有麻烦了。

罗伯特·格雷厄姆

我不知道，这是个谜。但我们确实需要努力地生活。从这个意义上说，我们还有创造永恒的机会。

> I love the idea of hell
> as a flame that will
> burn away all the crap
> and only the precious
> stones will remain.
> BONO

> 我习惯把地狱
> 比作一团烈焰，
> 它能烧毁一切糟粕，
> 仅留下精华。
> 博　诺

弗雷·贝托

　　人死后仍有东西存在，正如子宫以外还有生命一样。对孩子来说这难以想象。但是，正如陀思妥耶夫斯基说的，即使证明基督是假的，我也还是会相信他。基督让我们相信死后我们会进入一种永生世界，那是爱的不可言喻的领地。也正如巴西人所说，那里是没有罪恶的乐土（Land of No E-vil）。

　　凡高的《向日葵》每朵花犹如燃烧的火焰，显示出生命的强力，仿佛也透示出画家那火热的生命激情……也许我们每个人从中能够体悟到万物与人类生命的不息、生命的延续……

扎克·戈德史密斯

在某种程度上，我忠诚地希望自己是某一个伟大宗教的信徒，那样我就会知道——至少认为我知道——你的问题的答案。我认为，不管是以何种形式，生命都不可能被真正摧毁。那些力量、思想、记忆和情感到底发生了什么变化，我不清楚。我忧虑的是，宗教在当今世界里已经变成了一种抽象的、附加的形式，它对于人们的日常生活起着可有可无的作用；相反，它对来世的肯定却成为了一种不正常的慰藉。当我们在破坏地球时，我们把地球当作通往另一个遥远天体的台阶，这成了我们逃避责任的理所当然的借口。

大卫·弗罗斯特

虽然没有人知道那个问题的答案，但我想说，我相信有来世。在某种程度上，你生前的心灵发展会在来世以一种我们能够想象到的方式继续存在。我完全相信有来世。

伊拉娜·古尔

抱歉，我只相信眼前的生活。这就是为什么我总是害怕时间不够用，越老越有紧迫感的原因。有时我会嫉妒那些相信来世的人们，因为他们可以对未来抱有指望，但我只相信现在。所以我现在就要努力。我不相信转世之类的说法，因为我自己养活自己。我有阅读障碍，所以我不能去学校上学，只能依靠辛勤工作维持生计。我从未接受过任何人的馈赠。没有别人的帮助，我完全靠自己，这就是我的生活方式。

埃玛·萨金特

很奇怪，我相信人们所说的第 11 度空间①。我相信我们现在在这儿，但仍然有我们的另外部分分布在宇宙的各个角落。现在的问题之一是，人太多而灵魂太少，多亏了医学技术不太发达。这是我个人的看法。我认为灵魂应该有无数的共同体，它为什么不应该同时在这里，或者是在 100 年前，或者还在其他宇宙生存呢？或许我们生活得就像水母②，到处都有我们的分支在游动，这些分支独立存在但却只拥有一个核心，这个核心就是灵魂。

朱尔斯·霍兰德

我的许多朋友都相信转世这一说法。但是，就我个人而言，人总是不断轮回出现这一想法使我感到非常压抑，所以

---

① 第 11 度空间，是科学家对宇宙空间所推测的空间。在宇宙中，传说有 9 度空间，如 1 度：点、线，2 度：面……据科学家推测，第 11 度空间不能存在。

② 水母，一种低等的水面浮游动物，属腔肠动物门。形状像伞，伞缘有很多触手，下面中央为口。其生存时间已有数亿年。

我的回答同每一个人一样，我不知道。不过，人的精神的确可能去了一个美好的世界。

彼得·乌斯蒂诺夫

我相信永恒，是因为害怕所获得的知识全无价值，那将会是一种多么可怕的浪费！同时，我也被不朽的想法所震惊。不朽的结果是什么？我认为要了解生命就必须经历生和死。死亡对我来说只是一个完全没有恐惧感的未来。生命到底是不是永恒的，我不知道，也不太关心。

大卫·弗罗斯特

我认为生命就是延续。晚上睡觉第二天醒来，这似乎正如你生活着，然后身体死去，而你继续存在直到终结，开始下一轮的轮回。

迈克尔·雷德福

我不相信有来世。理性地来说，我不可能看到会有来世存在。那种认为我们会以另一种方式继续存在着的观念，我认为是相当自私的。我们不知道前世是什么样子的，现在我们就像是落入了从未经历过的漆黑的领地，存在的唯一痕迹就是现实。这太可怕了！每当我想到这些时，就禁不住打冷战，因为我害怕死亡。这是我发自内心的真诚的呼喊："我要继续生活，我要活着！"

安吉丽卡·休斯顿

我认为，如果有来世的话，它必定存在于这个生命之外。我一直在寻找答案，但我从没有真正见识到那种生命的神秘。

鲍勃·吉尔道夫

这就是生命。没有来世，感谢主。

This is it. No afterlife,
thank God. **BOB GELDOF**

这就是生命。
没有来世，感谢主。
鲍勃·吉尔道夫

~3~

Do you accept
the concept
of karma,
in the sense
of cause
and effect?

第三问：

就因果关系来说，

你同意"业障"一说吗？

西耶德·侯赛因·纳撒

"业障"（karma）① 一词来自梵文，意为"作业"（ac-tion）。从深层含义上来说就是种一因业，得一果报。从某种意义上来说，牛顿定律就是这个普遍法则的物理运用。从道德上来说，我们不会立即得到报应，你可以对某人施恶，然后说你并没有受到惩罚，但你最终会自食其果。在今天的印度，流行的印度教认为：在这个世界上，灵魂在"业障"的基础上轮回转世。而伊斯兰教、基督教和犹太教却否认这一观点。但是，我和许多相信这一说法的印度圣徒都交谈过，他们认为这只不过是一种普遍的信仰，实际上也是神灵自身的一种转世化身。但是，个体灵魂从一个世界旅行到另一个世界，回不到同样的存在状态。

许多伊斯兰教思想家——如伊本·阿拉比（Ibn' Ara-bi）② 和哲学家穆拉·萨德拉（Mulla Sadra）③，都声称，在我们死后，根据我们生前的所作所为和我们的生活方式，我

---

① 业障，佛教用语。指由前生所作的种种罪恶而在今生造成的种种障碍。

② 伊本·阿拉比（1165～1240），中世纪伊斯兰教苏非神秘主义哲学家，西班牙人。他在伊斯兰思想史上的重要意义在于将苏非神秘主义学说系统化和理论化，被后人尊为大长老和宗教复兴者。著有《麦加的默示》、《智慧的珍宝》。

③ 穆拉·萨德拉（约1571～1640），伊斯兰教什叶派教义学家、圣训学家、哲学家。波斯人。其教义学、哲学著作甚多，其中以《旅程》（一译《真主的见证》）最为著名。

The individual soul
journeys from one world
to another and does not
return to the same
state of being. SEYYED HOSSEIN NASR

个体灵魂从一个世界
旅行到另一个世界，
回不到同样的存在状态。

西耶德·侯赛因·纳撒

们会在一个中间的世界新生，并通过这些其他的世界继续我们的旅程。如果我们生活困苦，我们不确定是否也仍将出生在一个对应于我们原来尘世生活的中庸的状态。可是无论如何，只要能悔悟和向上帝忏悔，那么这种宽恕就有可能。在阿拉伯语中，"忏悔"（tawbah）这个词意为"回头是岸"（to turn around）。这是在人类的存在条件中最显著的可能性之一。所以，尽管"业障"是不可破坏的，这一点毫无疑问，但是我相信仍然有可能超越它。通过神圣的知识、信任上帝、爱护上帝，达到最高境界，就有可能超越这种因果循环。

有种子就会开花、生长、繁殖，就如同眼前这花繁叶茂、生机盎然的紫藤萝；其实对于人类来说也是如此，人们的所作所为总会产生相应的后果。

乌娜·M. 科罗尔

我认为"业障"就是宿命，在某种程度上，命运是由一个人的行为所决定的。然而，基督教徒相信信念决定命运，而这种信念是上帝所给与的一份纯洁的礼物，丰功伟绩并不能获得它。信念导致善果，所以我坚信我们最终都是与上帝同在的。

安吉丽卡·休斯顿

我认为"业障"就是今生在世上的结果，善因最终有善果。自发地努力使自己偏离正常的界限，或正常的直觉，有时可能会产生一种深刻的精神影响。我认为，我的一部分因果责任就是意识到走其他的方向的可能性，而不是那些我会轻易依赖的东西，例如懒惰，或者是一些动机不纯的本能。想要克服它，就是我对"业障"的理解。

查尔斯·勒·盖·伊顿

当然，一个穆斯林从来都不能使用或者接受"业障"这一术语，但是我们确信有因果链条。可是，这种关系能够被神的仁慈所打破，因此，《古兰经》中就记载有关于"抹杀者"（the Effacer）阿尔·阿福（Al-'Afu）的事迹——他抹去

了罪恶,让它看上去似乎从未发生过。当然,在印度教的清
规戒律中,"业障"仍然属于幻境,自由生活的男人、女人
都会逃脱幻境的束缚。传统的伊斯兰神学理论表明,上帝在
每一时刻都在重塑创造物。但是,他没有必要跟着前一个时
刻创造下一个作为结果的时刻(如同电影中的下一个镜头),
他可以经常打乱这种顺序。

阿尔弗雷德·格瓦拉

是的,我认为我们要为自己的行为承担后果,可是我并
不赞同要"还清孽债"的说法。如果我能够做出高尚的或者
是有价值的举动,如果我能够深入了解他人并且接受他人,
不管是人们所理解的哪一种接纳,那么我就都是一个好人。
这就是给我的奖赏。我自己创造了它,我若引起祸害,我若
自私自利、无法了解他人,我若是无法了解他们的为人处世
和世界观,那么,我难辞其咎,我就是一个无用之人,这就
是对我的惩罚——成为一个傻瓜,一个空虚的人,一个心中
无爱之人。用天主教的说法,就是天堂和地狱与自我同在。
这就是我对"业障"的理解。

理查德·道金

你所采取的行动会影响你今后生活中的事情吗?这只能
是今生今世。

大卫·林奇

我对"业障"一说深信不疑，"种善因，得善果"。你正在用每个想法、每句言语和每个行动来创造你的未来。"有去有回"，你永远不知道它们何时回归。有时候你会想起好的事情，有时候你会想起坏的事情。如果我们想要一个更好的未来，我们就可以通过现在的行动、想法和言语来实现它。我们使许多事情——过去已经着手的，现实生活中已经过去，或者其他人的生活中也已经过去的，重新开始运转。没有这种回归你无法做任何事情，无论是好的还是坏的事情。

迈克尔·雷德福

从感情上来说，我相信"业障"，否则生活会显得太不公平而又太过于残酷了。我正处于感情上想去感受和理性上可以接受的左右为难之中。在我的孩提时代，我就想一举成名。但是，事实上，我看到的却是那些所谓的名人个个骄傲自大，其中绝大多数都对周围的人残酷无情。所以，对我而言，这并不是因果报应。好像你可以随心所欲，随之又受到惩罚。我认为有必要去试着处理世界本身存在的东西。可能也许会有来世，一个偿还的时间，但我并不寄希望于此。

　　这是俄国画家希施金的画作《林边野花》。面对着这样一种充溢着原生态的美感、欣欣向荣的活力的大自然，人类应该节约自然资源，为子孙后代造福。

史蒂夫·范

我坚决拥护"业障"和"轮回转世"之说，它完全有道理。因果关系在数学和科学领域都得到了大量的证明。对我来说，整个创造物——包括我们无法辨认的因素，都是完全建立在因果关系的基础之上的。日复一日地，我的这种想法也变得越来越清晰。但是，作为最具精神性的争论点，它事实上又完全不可能得到证明。这就是存在之谜。

艾德·贝格利

对于是否相信来世并因此而去担心现在的所作所为的后果，我说不清楚。我认为，在这个世界上，天堂和地狱都是存在的，也大都与你自己的行为有关。当然，命运也起到了作用。可是，那些反抗无法超越的差别、面临着无法预知的状况的人们，他们在生活中也找到了一定程度的平静。还有一种人，什么都有了，却还是觉得不幸福。如果物质财富能够给人们带来幸福，那不过仅仅是因为幸福的人们生活在空气中，而不幸福的人们生活在灌木丛中……

博　诺

我认为"业障"处于世界的正中央，其中又掺杂着上帝

If material good fortune
made people happy, there
would be nothing but happy
people living in Bel Air and
unhappy people living in the bush,
and that's hardly the case.

ED BEGLEY JR

如果物质财富能够给人们带来幸福，
那不过仅仅是因为幸福的人们生活在空气中，
而不幸福的人们生活在灌木丛中……
艾德·贝格利

的恩宠。我对上帝的恩宠更感兴趣，你逃脱不了自己的所作所为。但是关于人们有几世之说，或是因为前世行善而今生得福之类的说法，我认为毫无道理，这种观点产生了社会阶级和许多其他无益的等级制度。

迈克尔·菲茨帕特里克

在音乐里，我们不想要任何不和谐的音符；生活中亦是如此，我们也不想要任何不良的品质：愤怒、嫉妒、刻薄。

当我们的举止表现出以上品质时，世界就像一面镜子，会反映出我们这样的行径。当我们强调善的品质——为人厚道、仁慈，对陌生人慷慨施与，我们会得到它所反射回来的相同的品质。我们的音调越高昂，我们之间就越和谐，我们带给这个世界的快乐也就越来越多。没错，我是认为"种善因，得善果"，我确实认为付出什么就会得到什么，尽管有时候我们也得到教训。

戈尔·维达尔

关于轮回转世的一个重大问题是，假如确有此事——许多源自印度人或毕达哥拉斯派（Pythagoreans）① 的有趣的文明都相信确有此事，如果你忘记了你自己的前世该怎么办呢？关于转世，他们要说的（虽然他们自己也不是很清楚）就是我们都是由原初的物质构成的，都来自于宇宙大爆炸，所以一只蚂蚁和亚历山大大帝②都是由同样的原初物质构成的。可是就个体性而言，如果生命逝去的话，依存于生命的精神也将消失。那么，是生命习惯于使百合花重新绽放，这是我在穿过房间时碰巧发现的。

----

① 毕达哥拉斯派，古希腊数学、天文学、哲学家毕达哥拉斯（Pythagoras，约前 580~约前 500）所创立的学派。产生于公元前 6 世纪末，其影响直到文艺复兴时仍未消失。

② 亚历山大大帝（前 356~前 323），古代马其顿国王，军事家、政治家，世界历史上首位征服亚欧大陆的帝王。

> When we emphasize our
> good qualities, kindness,
> compassion, charity to
> strangers, we get those same
> attributes radiated back to us.
> MICHAEL FITZPATRICK

> 当我们强调善的品质——
> 为人厚道、仁慈，
> 对陌生人慷慨施与，我们会得到它
> 所反射回来的相同的品质。
> 迈克尔·菲茨帕特里克

莎朗·斯通

是的，生活中我们所做的事，在某种程度上是会有结果的。

法拉赫·巴列维

与爱一起播种的种子总会开花、生长和繁殖。我相信，"业障"就是你今生的所作所为及其所产生的后果。从我的生活经验来看，现在，我慢慢相信，很大程度上发生在你身上的事情都是你自己的选择。你应该保留一些道德观念，并且每天都要这样提醒自己。比如说，和你见面就重振了我的信念，而这种信念有时候是会被忽略的。

索菲娅·罗兰

想要表达一种坚定的立场，这是不容易的。但是从多方面看来，我对于"我们的行为决定我们的命运"这一点很感兴趣。

杰克·尼科尔森

我对"业障"的看法是：它是持续的、现存的。它与存在主义①是紧密相连的。我的意思是说，你的行为代表着你的为人。一直是这样，若不是由于你所做的每一件事都会有结果这一观念的存在，像我这样几乎没有信仰的人就会变得越来越懒惰。万事都很重要。在东方人的意识中，人们不相信转世轮回之说。但是，我认为我将会为自己选择一种由最高定律引导的生活。我对罪恶一无所知，也从没想过犯罪。责任和不足才是我所理解的。

---

① 存在主义，又称生存主义，现代资产阶级主观唯心主义哲学学说。二战前后在德国、法国、意大利及美国流行。它是一种哲学非理性主义思潮，强调个人、独立自主和主观经验。代表人物为法国哲学家萨特、作家加缪，德国哲学家海德格尔等。

萨特

加缪

海德格尔

　　法国哲学家萨特、作家加缪、德国哲学家海德格尔是存在主义的代表人物。他们有关存在主义学说，在有些人看来，是与"业障"紧密相连的。

达第·强奇

我们的行为都会有结果，这个说法是有道理的。从物质层面上来说，事情永远不会随随便便就发生了，总是有前因后果的。有时，当你看见结果时，你却不知道原因何在。就像气候变化一样，要想明白它们之间的因果联系，还需要很长的一段时间。但是因与果之间必然存在着联系，这不仅适用于物质层面，也同样适用于精神层面。例如：当你说"够了"的时候，我还在折磨你，那么你也会同样地折磨我。所以，我行善会得到幸福，我行恶则会得到痛苦。

朱尔斯·霍兰德

依我之见，"业障"是立竿见影的事儿。如果人们仅仅只是出于自我利益——因为他们相信死后能去极乐世界——而做好事，那么我认为做好事的这一理由可能是错误的。即使我们要下地狱，也要做好事。我认为，将轮回转世这一想法作为一种可能性，本身就比较悲观。

大卫·弗罗斯特

我认为你应该据理力争：当人们一心虔诚、善良、宽厚时，这种生活是能够给他们带来结果的。所以人们今世做更

就因果关系来说，
你同意"业障"一说吗？

The idea of our actions
having consequences is the
only thing that makes sense.

DADI JANKI WITH SISTER JAYANTI

我们的行为都会有结果，
这个说法是有道理的。

达第·强奇

多，来世才会活得更长久。我认为人们在来世有可能补偿他们的精神生活，我猜。当我与比利·格雷汉姆（Billy Graham）① 交谈的时候，我说我认为要是你的上帝是仁爱之神，那么他就要让每个人都升入天堂。因为，最初可能会有一段炼狱期，但是到了最后，若他是仁爱之神，他就必须让每个

---

① 比利·格雷汉姆（1918～ ），亦译比利·葛培理，美国当代著名基督教福音布道家，二战后福音派教会代表人物之一。从哈里·杜鲁门到小布什，11 位美国总统都视其为良师益友。被媒体誉为 11 位美国总统的"明灯"。

— 67 —

人都升入天堂。比利笑着说："若他是仁爱之神，那么他什么事也不用干。"这句话被我奉为经典。

吉利·库珀

我对"业障"一无所知。如果你相信宿命和前世，我倒觉得这种说法有点适得其反：如果你觉得你有可能把握自己的命运，你就不会去尽力奋斗。我们唯一要做的就是去拼搏，直面灾难，对一生中所有美好的事都心存感激。

扎克·戈德史密斯

我完全相信该来的总会来。许多传统的人都知道这样一种信念：祖辈们在作重大决定之前，都要优先考虑这个决定将会给后代子孙造成何种影响。可是在现代，人们几乎从未考虑过这些。这就是为什么我们正在迅速消耗着地球资源，扼杀着世界的多样性，引发诸如癌症之类的疾病，而此类疾病到我们后代成长的时候将会大肆流行。倘若真的如此，我们死后轮回转世，那我们的来世将因我们今天的所作所为而悲惨得不可名状。我们中的许多人将会成为变性疾病的受害者，而我们的后代也会为我们所做的错事付出代价。这几乎已成定局，尽管我们还有时间用仅有的、少量的政治诚信去扭转这种局面。

哈利·戴恩·斯坦通

当然，因果关系是存在的；但轮回转世又是另一回事，是另一种自我评价。对我而言，超意识的源泉中或许会有互通的能量，但断然没有个体可以轮回。如果你做了坏事，你将会受到惩罚，你将会为此付出代价。这就是因业和果报。

埃玛·萨金特

我完全相信"业障"。我认为一个人不应该尝试去报复别人。因为这样做往往会导致自己身败名裂。要是你惧怕他们，你就要给与他们爱。假如你送给他们百合花、舞女、铃铛之类的东西，你就是强者，而他们会责备自己。

西蒙·佩雷斯

像生活中的其他事情一样，没有什么是十全十美的。因果循环还有许多要改进的地方，但要说整个生活就是因业果报、无病无灾，这是不可能的。规章制度是人定的，它们与一个特定的状况相对应。永恒的行为是不存在的。

阿莫斯·吉泰

我乐于接受任何可能出现的事情，我并不反对"业障"

> To say that the whole of life
> is just cause and effect,
> without accidents or incidents,
> doesn't make sense.
> SHIMON PERES

> 说整个生活就是
> 因业果报、无病无灾，
> 这是不可能的。
> 西蒙·佩雷斯

之说，但我也不坚持这一观点。如果有人想说服我，也许我就会被说服。你知道的，像别的事情一样。可是到目前为止，还没有人能说服我。

保罗·科埃略

我不接受直线性的"业障"之说。我承认，现在我所做的事被过去影响着，但我并不为我的过去付出些什么。所有我过去的生活也就是现在所发生的事情。我现在谈论的是平行的领域。事情一直在发生，并且也是在一起发生，这很难解释。在太空物理学中，我们开始懂得我们可以穿越时空旅行，或者是使时间暂停。所以，我可以是和你谈话的几个人，我相信每件事情都是同时发生的。

弗雷·贝托

不，我不同意"业障"的说法，我相信自由意志。

阿宾娜·迪·鲍斯罗维瑞

我们会有来世吗？我认为是因为生命如此短暂，还有许多未完成的事情，所以我们会回来完成未竟的事业。这是合情合理的。也许我们生活在别处或者另外一个空间，或者是回到这儿，谁知道呢？

鲍勃·吉尔道夫

今生所做的事情会在来世回来？嗯，我不相信什么来世。要理智地去相信"业障"，我认为是很难的。我认为，作为一种观念而能够起作用，是因为我在今生已经受它影响了。可是那句名言——"善有善报，恶有恶报"，也不无道理。最糟糕的事就是借钱给朋友。你想这么做，可是从此以后你们的友谊就会蒙上阴影，至少你的朋友会这么认为。没

— 71 —

有谁会喜欢欠人情。我觉得是因为无能为力。即使他们还了钱，事情也无可挽回了。如果你的一位同事因为私事或公事，你帮了他的忙，友谊也会变质。因为伙伴关系是平等的，而你这么做会忽然改变这种关系，使其有了依赖性，即使你觉得这没有什么大不了的。这就是不平等的伙伴关系了。要是站在别人的立场上，也会是如此。这就与"业障"适得其反了。

曼戈苏图·布特莱齐

我相信一个人应该为自己尘世中的行为而对上帝（Creator）负责。

~4~

What is your
moral code,
in relation
to right
and wrong?

第四问：

关于是非，

你的道德准则是什么？

理查德·道金

我所遵循的道德准则与大多数思想家所遵循的一样。这一准则是由人类文化史上各种复杂的影响因素构成的。宗教、民主决议、道德哲学、文学、历史的种种影响，其中也包括早期达尔文主义（Darwinian）① 的影响。这些因素为美国这个大熔炉提供了燃料，为我们提供了一种建立在道德标准之上的意识，例如：伤害他人是错误的，杀死他人是错误的，造成苦难是错误的。由于各种道德标准相互冲突，这些问题也相当复杂。不过，生活在 21 世纪初受过教育的人，往往认同一套大致相同的道德标准。他们认为奴隶制是错误的，种族歧视是错误的，人应当尽自己所能使痛苦最小化，幸福最大化。这些观点并未在各个历史阶段得到一致认同，但今天受过教育的人——无论他们是否信奉宗教，都会认可的。

吉安弗朗科·菲利

我认为谈论什么是对和什么是错，这可能会触犯他人的自由。我不会去评价他人的思考方式，我认为他人的自由是

---

① 达尔文主义，英国生物学家达尔文（1809～1882）创立的以自然选择为中心的生物进化理论，即通常所指的进化论。

One should do all in one's
power to minimize suffering
and maximize happiness.
RICHARD DAWKINS

人应该尽自己所能使
痛苦最小化，幸福最大化
理查德·道金

不可剥夺的，道德准则存在于人们的内心。

安吉丽卡·休斯顿

我认同这一道德准则，就是不要去伤害他人，这样最终会推衍至不要去伤害自己。对于我而言，这是关于你的道德准则如何发挥作用以及建立在什么样的基础之上的不断变化的形势。它是很主观的。你对有些事情持强烈的反对态度，而对另一些事则可能持放任自流的态度；尽管在另一些人看来，后一类事情比前一类更加骇人听闻。"己所不欲，勿施于人"，对于大众来说是一个不错的行事准则。

查尔斯·勒·盖·伊顿

我的道德准则是伊斯兰教规。无论我刻意遵循与否，它都是普遍适用的。我不相信建立在爱憎"感觉"之上的世俗道德观，因为它就像女装的流行款式一样在时刻变化，即使在某些方面基本上健全，它仍然缺乏恒常性。大多数人在某些情况下是什么都能做出来的。你我之所以从未犯过谋杀罪，是因为我们从未遇到过杀人是解决问题的唯一手段的情况。所以，我不愿指责他人的所作所为。我们所是远比我们所做更为重要，尽管我们所做总是反映我们所是。

大卫·弗罗斯特

我认为判断对错是良知的作用，是人所知所感的作用。我相信人有认知的能力，而且天生就有辨别善恶的感觉；但如何对待这种感觉，也只能由人自己决定。当人们做错事时，有时他们会坚持做下去，尽管这样做会使自己很不快乐。我认为，即使是想忽视这种感觉的人，也会感觉到受了它的影响。不要伤害他人的感情，我认为这是最基本的信条。为他人的生活作出贡献，这是另一信条。不要浪费时间，

It is not so much what we
do that matters as what we
are. Though what we do
usually reflects what we are.

CHARLES LE GAI EATON

我们所是远比我们所做更为重要，
尽管我们所做总是反映我们所是。

查尔斯·勒·盖·伊顿

最大限度地利用所给与你的机会。

朱尔斯·霍兰德

公正与正直是重要的，做提高人们生活质量的事也是重要的。艺术家的首要职责是他们的艺术。如果他们是真正的艺术家，他们的艺术一定会改善人们的生活——通过开阔人们的视野，让他们跳一支舞，或者随时带着他们远离这个尘世。

保罗·科埃略

　　有两种方式可以表达这种道德准则：基督教方式与犹太教方式。虽然我本人是基督徒，但是我更赞同犹太教方式。基督徒们说："像爱自己一样爱你的邻居。"这句话可能会造成许多误解，因为你可能并不爱自己，或者你可能太爱自己而将自己的价值观强加给你的邻居。爱是一种分享。在这一概念上犯错误的可能性是很大的，因为在人类所犯的罪中，有一半是基于正当理由的，这理由就是那些我们认为应当强加于别人的自己的价值观，儒教的观念要清楚得多，就是"己所不欲，勿施于人"。设身处地为他人着想，你就会有一个非常明确、清楚的对错观。较之于肯定句，这个否定句更加清楚地解释了问题。一旦越过了这条准线，你就开始将自己的价值观、思想观念等强加于他人；即使本意是好的，但行为也是错误的。让别人过他们自己的生活吧！

莎朗·斯通

　　我并不相信什么道德观念。我认为道德观念只不过是社会创造的用来控制人们行为的东西。我认为道德准则应该来自人们内心的真理与尊严。

西耶德·侯赛因·纳撒

我相信判定这个世界对与错的标准是上帝通过外在启示与内在启示赐予我们的，其中，外在启示是主要的，内在启示则是与内心相连的智慧。我相信，上帝在创造我们时已经在我们的灵魂里写下了什么是善。只是这种原初物质被人类的健忘、被人类的堕落、被基督教称之为原罪①而其他宗教有别的名称的那种东西掩盖了起来。已经堕落的人类所拥有的智慧不会发挥其全部作用。

在当代世界，许多人声称自己不信奉宗教，但知道什么是善，什么是恶。他们称自己是非常善良的。道德观念是几千年宗教的遗产，首先是基督教徒，然后是基督教徒之前的希腊罗马宗教及其他各种宗教。例如，如果没有绝对现实，为什么人的生命是神圣的？为什么不鄙视人的生命？为什么不杀了没有用的邻居？

考虑到现在正在进行的关于人类生命神圣性的这一争论，我完全赞同这一观点。如果人类生命像其他各种生命一样，只不过是电子相互碰撞的结果，或按照达尔文的理论是由分子进化而来的，那么为什么人的生命还是神圣的呢？我一点

---

① 原罪，基督教基础教义之一。源自基督教的传说，指人类与生俱来的、洗脱不掉的"罪行"。根据《旧约圣经·创世记》记载，因人类始祖亚当、夏娃违背上帝禁令，偷吃禁果而被逐出伊甸园，被视为"原罪"的由来。因为有了"原罪"，才需要"救赎"，故有"救世主"之说。

　　法国女画家瓦拉东在其名作《亚当和夏娃》中，以奔放的笔触和明亮的色彩描绘了偷吃禁果的亚当和夏娃。而亚当与夏娃的这一行径被视为"原罪"的由来。其实不论人类是否有"原罪"，都是有弱点的，都应以一定的道德准则约束自己的行为。

也不赞同达尔文的理论。如果生命起源于宇宙大爆炸后最初超分子的显影液，那么它还有什么神圣性可言？现在，人的生命不可侵犯，它是神圣的等这样一些观念仍然存在。但是如果人们否定了生命起源的神圣性，这种观点就只能是建立在纯粹感觉之上了。宗教都是以神学和玄学为基础的，它们强调一切存在的神圣性，尤其是人类生命的神圣特质。善恶的问题是非常基础和基本的问题，只有超越了物质世界的层面才能解决，必须求助于玄学、关于神圣现实性的科学才能解决。在美洲和欧洲，尤其是欧洲，一部分人正在变得极度世俗化，这是西方文明的一次严重危机。在这种情况下，问题仍然是道德的源泉是什么。在不停变化的环境下，我们每隔几年对某些事件的投票是否正是对善恶的道德准则的投票呢？你想请求一些明智的人清楚阐明可接受的伦理吗？这些人自身可能对这些伦理准则的本质都难以达成一致意见，况且即使达成了，谁又会听他们的呢？这是一个棘手的问题。

法拉赫·巴列维

历史上流传下来的主要的价值观念和道德准则，它们会随着时间的推移而发生变化。我相信《人权宪章》①，遵守

① 《人权宪章》，指《国际人权宪章》，包括《世界人权宣言》、《经济、社会、文化权利国际盟约》、《公民权利和政治权力国际盟约》及其两项《认择议定书》。

其中的价值观念使我内心平衡。

西蒙·佩雷斯

如果你能善待、理解他人，你的思考方向大体上就是正确的。人不可能是完美的，因为我们都有自己的问题，而且我们不能完全把握自己。因此，对错取决于是否选择了积极的态度。人生的一个重大问题是夫妻问题。我们得过各自的生活，但是仅凭个人的力量，我们无法生存。因此，我们得建立一种关系，虽然很困难，但请注意不要伤害另一方。在我的生命中，有很多人帮助过我，也有很多人让我很失望。但是，我宁愿是因相信别人而犯错，而不愿是因误解别人而犯错。

索菲娅·罗兰

对与错没有固定的原则。如果从广义上考察道德准则，我们可以说，对就是一切能够造福人类、使人类快乐的事；而错误则是给人类带来负面影响的事。

乌娜·M. 科罗尔

我的道德准则基于《旧约·出埃及记》（20. 1—17）中

It's a good idea to tread as
lightly as you can. Why must
you leave a trail of carnage
behind you, to just go about
the business of living?

ED BEGLEY JR

前行时越轻越好，
为什么要在生活的旅途上
留下一串串沉重的足迹呢？

艾德·贝格利

的 "十诫"（Ten Command ments）① 和 "登山宝训"（Sermon on the Mount）②（《马太福音》5—7）。"十诫" 为我提供了简

---

① 十诫，也称 "十条诫命"、"摩西十诫"，犹太教的戒条。据《圣经·出埃及记》载，十诫是耶和华所授，并命摩西颁布施行。内容为：不许拜别神；不许制造和敬拜偶像；不许妄称耶和华名；须守安息日为圣日；须孝父母；不许杀人；不许奸淫；不许偷盗；不许作假见证；不许贪恋他人财物。基督教亦用十诫作为戒条，但条文的组织和次序，各派不尽相同。

② 登山宝训，也称 "山上宝训"，指《圣经·马太福音》第五至七章中，由耶稣基督在山上所说的话。其中最著名的是 "八种福气"，它历来被认为是基督教徒言行的准则。

To use religion for the
purpose of challenging other
religions is grossly wrong.
NELSON MANDELA

用一种宗教挑战
另一种宗教是大错特错。
纳尔逊·曼德拉

单的行事准则，"登山宝训"为我提供了这些戒律的评价，并使得它们成为标准。我知道自己无法真正达到这些标准，但通过时刻铭记这些准则，我的为人处世方式变得更加完善。

埃玛·萨金特

这是个棘手的问题，因为严格说来我做错过事，而且做的时候感觉那好像是对的。因此，我在此不会高谈阔论价值观念和道德准则。尽管我不想伤害任何人，但可能仍然伤害过别人，当时我一定很残忍。我认为，如果发现自己做错了，在这种情况下应当尽己所能，承担起善后的责任。

艾德·贝格利

我认为应该有一些道德准则，并且做事要光明磊落；否则生活就变得太糟糕了，因为你得不停地弥补谎言。而记住，正直、慷慨和仁慈地对待他人的生活会轻松得多。不仅对待他人，对待其他生物也应当如此。前行时越轻越好，为什么要在生活的旅途上留下一串串沉重的足迹呢？我认为没有这个必要。

曼戈苏图·布特莱齐

祖鲁人的道德准则与"十诫"大致相同。

纳尔逊·曼德拉

有时这些事不是绝对的，而是相对的。不尊重其他宗教的人，也应该对世界的不稳定承担极大的责任。用一种宗教挑战另一种宗教是大错特错。应该尊重不同的宗教信仰。无论你信或不信，尊重它们；否则你永远不能与异教的人和平相处。

　　美国画家布里奇曼的《阅读课》是一幅世界传世名画。这幅名画不仅体现了画家高超的技艺，也揭示出一个真理：人们阅读书籍不但可以在思想情感上受到熏陶，而且在道德观念上也会受到启迪。从某种意义上说人类正是在不断的阅读中，逐渐树立起自己一定的道德准则。

大卫·林奇

《圣经》里说:"不要评价他人,以免自己被评价。"对某些东西的欲望是如此强烈,使你直到事后才发现,原来自己的所作所为是错误的,但已为时太晚。有时候你觉得应该坦诚时,可你却愚弄了自己。这很难处理。所以我想你要记住:吃过一次亏之后你就不会再犯了。你所能做的,就是使自己的意识更加广阔。只要不伤害任何人,所有的事都是对的。当然,你不可能使每个人都满意,使自己满意都已经够难的了。我说的不仅是不要伤害你的家人,而是包括你身边的人。人对我来说是重要的生物,只要人和动物不受伤害,任何事都是对的。

达第·强奇

道德观不是信仰问题。每个人的良知都会告诉他们对与错,真与假,善与恶。人类受三件事的束缚:

1. 有时我们的良知告诉我们自己这样做是错的,但是我们抑制住了这种感觉而去随大流。
2. 我们有许多欲望,这最终会导致嫉妒和冲突,但我们仍旧屈服于这些欲望。
3. 我们对自己的亲戚和朋友负有责任。

当我们与上帝建立了一种联系之后,我们内心的一种力量会唤醒我们的良知，我们跟随而且必须跟随这种良知。在我的一生中，我认为谎言、偷窃、欺骗、造谣都是罪恶。如果你告诉别人这些是错误的，他们会尝试认同你的观点，但仍然还是会那样做。

戈尔·维达尔

谁来决定对错？这是一个非常个人化且不明确的概念。这正如你假装你还在上学，通过了考试与未通过考试一样。

鲍勃·吉尔道夫

你应该在不伤害任何人，或者尽你所能不伤害任何人的情况下，测试一下鲍勃或任何人的个人意识极限。我比一些人能干，而另外一些人比我能干。你试验自己的能干，但最后可能耗尽了自己的潜能。我理想化的意愿是："这很有趣。"是我最后清醒的想法。

罗伯特·费斯克

我认为，在某些特定的情况下，你知道做什么是对的。那这样还需要一个准则吗？如果我看见有人受了伤，我会帮助他们；如果我看见有人要逃离危险，我会帮助他们脱离险境；如果我看见有可怕的事情发生，我会把它记录下来，并

If I see people who are
wounded, I try to help them.
If I see people who are
trying to escape from danger,
I try to get them out.

ROBERT FISK

如果我看见有人受伤，
我会帮助他们；
如果我看见有人要逃离危险，
我会帮助他们脱离险境。

罗伯特·费斯克

且说出谁是坏人、谁是无辜。关于对错，我没有准则。

哈利·戴恩·斯坦通

很明显，在现实生活中没有绝对的对与错之分。我们会看到恐怖和庇佑，善良与美好。美好的事物与恐怖的事物总是存在着的，你不需要拥护罪恶或恐怖，但必须接受它们，因为它们也是存在的完整性的体现。我的道德准则非常简单：不要对自己和别人说谎，不要偷窃。这不是对错的问题，而是智慧的问题。你不要说谎，因为说谎是愚蠢的；你不要偷窃，因为偷窃是愚蠢的。

博　诺

凭直觉，你总能知道自己做什么是正确的。这种直觉的最大敌人是，太多的选择造成了干扰噪音。我想到了《圣经》中以利亚（Elijah）① 的故事。以利亚被告知要爬上山顶等待上帝的启示。大风刮起来了，他想："来了，上帝快到了。"后来又有一场地震，可上帝仍未开口。再后来起了大火，他想，上帝也许会在火中同他说话，但没有。风停了，一切归于宁静后，他听到了上帝的声音。我认为，有时应该让生活平静下来，倾听一下做什么事情才是正确的。

迈克尔·雷德福

我相信一件事：人的最终的善。因为某种原因，我们内心中总有一种利他的欲望驱使我们行善，不这么做的人是极不快乐的。这是我的道德准则。许多人曾经对我说过，要成功就必须得骗、得偷。在物质化的世界里可能是这样的，但我并不是生活在物质化的世界里。瞧，我是一个电影导演，

---

① 以利亚，《圣经》中记载的最伟大的一位希伯来先知，他寻求废除偶像崇拜并重建公平。他是上帝的忠实仆人，也是最后一个见到上帝的人。

Sometimes you have to
quiet your life to hear what
is the right thing to do.
BONO

有时应该让生活平静下来，
倾听一下做什么事情才是正确的。
博诺

在别人眼里我能挣到千百万美元。我没有生活在物质化的世界，是因为我不关心这些。对于我来说，我们生活的道德矛盾——什么是目前的善？什么是长久的善？什么是善？思考这些问题，我认为比思考来世要有趣得多。

罗伯特·格雷厄姆

集体的道德准则构成是显然存在的，不论这一道德准则构成是基于东方宗教还是西方宗教。例如你不会出去杀人、偷窃，或者干诸如此类的事，这是相当清楚的。但是，有时候你不得不去干偷窃、杀戮等诸如此类的事情。所以我说，你做的是你感觉到正确的那些事情。这种感觉来自你的羞耻心或良知。不仅是你的良知，而且也来自你生活的环境。你有个人良知，艺术家良知；对于一个艺术家，这两者我会分别称之为宗教良知和精神良知。但是你也必须要有集体意识——你不得不成为整体中的一部分。有时你觉得做某事不对，它是相当不正确的，可你还是不得不去考虑那些。你要受后果支配。

迈克尔·菲茨帕特里克

首先，我有责任追求我的梦想。我明确的目的与认识是：这样做就是在尽我所能为人类服务。我被赠予了一种天赋，一种必须反复赠予的天赋。我的人生注定是用音乐为人们带来"平静"。平静是一种感觉，就像同情心一样，是一个道德罗盘。

阿尔弗雷德·格瓦拉

我认为人类最坏的敌人是无知，它使人类冷漠，使人类过着平庸、空虚的生活。通过陶冶人们的情操，提升道德文化教育，增强感受能力，我们可以使人类更具人情味。日常工作的枯燥乏味不仅是无知的主要原因之一，而且也能影响人的精神道德。如果我们能消除日常工作的枯燥乏味，那么，邪恶就不会有那么多的机会横行了。我相信人的品德。精神的升华给与人们爱的能力，这种爱不仅是对另一个人的爱。与希腊人以及柏拉图一样，我相信，爱、美与真理使人类友善。这些都是邪恶的解毒剂，它们是紧密相连的。

扎克·戈德史密斯

虽然这种观点不流行，但可以相信：没有绝对的"对"与"错"。给地球带来破坏的行为是错误的，因为它损害了人和其他生物的生计。很简单，仅对一个人友善是不够的，友善必须建立在对更大的局面的理解之上。

弗雷·贝托

任何事情只要能够维持、保护、服务于上帝的最大恩赐——生命，就是正确的。任何事情只要是触犯、压迫、排斥生命，那就是错误的。爱是正确的，缺乏爱是错误的。

阿宾娜·迪·鲍斯罗维瑞

不尊重、不考虑人或其他生物（人类，动物，行星）的行为是错误的。我的道德准则的第一条就是尊重生命。我认为这还要有很长的路要走：拯救孤儿，冒着生命危险去危险

I believe, like the Greeks, like
Plato, that live, beauty and
truth make mankind good.
ALFREDO GUEVARA

与希腊人以及柏拉图一样，
我相信，爱、美与真理使人类友善。
阿尔弗雷德·格瓦拉

的地方。我有时候是冒着生命危险去做与他人的生命和尊严
有关的事情。我认为，爱是道德的一部分，不付出爱是一种
罪恶。对任何事情都负责不是我们应尽的义务，但我认为我
们应该感觉到，在我们短暂的人生、小小的生活圈子里有责
任和义务去承担责任，特别是对弱势群体。我认为勇敢与诚
实是判断一个人好坏的标准。每当要做出选择时，你得问自
己："我应该去做勇敢的人还是懦夫，我应该诚实还是带有不
明动机？"如果你选择诚实与勇敢，你就永远没有错，最终也
会得到回报。选择其他的态度则不会。这是行事的准则。

杰克·尼科尔森

所有与生活有关的名言都好像与道德有关:"己所不欲,勿施于人",这是金玉良言。像对于任何其他更高的标准一样,你赞同,但你并不总是能遵守。一些简单的准则——如:给与比接受更可取——人们认为老生常谈的东西,但是如果真的照着做了,就会发现是对是错了。我们生活于其中的社会有自己的生命,而我们也受到其他生命的影响。我们在同一条河里游走,而这条河时刻都在变化着。

We all swim in the
same river, and that's
ever-changing.
JACK NICHOLSON

我们在同一条河里游走,
而这条河时刻都在变化着。
杰克·尼科尔森

　　这是春秋末期的思想家、教育家，儒家学派的
创始人——孔子。他所创立的儒家学派和主张的儒
家思想成为中国近两千年来的指导思想，在世界思
想史上影响巨大。他的"己所不欲，勿施于人"这
一有关道德修养方面的阐述，对于今天的人们仍有
教益。

吉利·库珀

我认为对与错是极其重要的。我认为世界上最重要的事就是：要善良，不伤害别人，保护那些需要保护的弱者和无辜的动物、孩子、成人，也就是无论大小的所有生物。

史蒂夫·范

我曾有幸在印度见到一位神圣的人并与他交谈。我问他："我知道自己做错了事，但是怎样才能做正确的事情呢?"他回答说："很简单，在做任何事情之前，问一问自己，这样做是不是精神上健康。"我认为这是个相当崇高的道德准则，而且我们应该努力遵守。

～5～

Do you believe
you have a
destiny, and do
you see yourself
as here to
fulfil it?

第五问：

你相信"命运"吗？

你认为活着的目的

就是兑现自己的命运吗？

你相信"命运"吗？你认为活着的
目的就是兑现自己的命运吗？

扎克·戈德史密斯

每个人都有自然命运（biological）和社会命运（social destiny）。我认为，我们所扮演的角色促使我们形成更大的团体。就像心必须与肺一起工作一样，个体也必须与家庭成员一起合作，家庭要与团体一起合作，最后这个团体要与社会、与自然界一起发挥作用。在我看来，我是被一种人类与自然之间紧密联系的力量所驱使，为了理性的重新恢复而战斗。这就是我所扮演的角色。而且无论如何，我都认为这是唯一能够让我拥有幸福生活的选择。我不知道个体是否生来有着一种既定的命运，或者是因为朋友、家人、环境的原因而形成了一种命运。我认为，基因很有可能是形成人的个性的决定性因素，在这一条件下人类得以成熟。我想，只有人类才会使用手，这是预先规定的。只有个体自己才能决定如何去发挥它的作用。

戈尔·维达尔

除非你发明了命运，否则世界上绝对没有命运。我是美利坚合众国最早的存在主义者。在阅读萨特①之前，我一直

---

① 萨特（1905～1980），法国哲学家、作家，存在主义的代表人物之一。著有《存在与虚无》、《恶心》、《自由之路》等。

没有意识到我是个存在主义者。我不认为有什么东西是重要的，除非我们在它上面强加一些价值。我成了一名作家，因为它是我的理想，因为我的 DNA。我相信，基因遗传能够解释原因，因为那就是我想做的。我当然更愿意做总统，每个人——包括约翰·休斯顿（John Huston）①，都想做总统。但是我们中的一些人必须去当作家，或者导演。

西耶德·侯赛因·纳撒

我相信抽象的命运，但我不认为它能左右我们的自由意志。古希腊自然主义者的思想否定了自由意志。基督教徒通过宣传上帝爱人救世能改变历史来强烈反对希腊的宿命观。回教徒甚至比基督教徒更甚，认为上帝对万物的预知将会实现。

另外一些学说否认自由意志是基于一些特别的论据，例如，辩证唯物主义、心理行为主义、生物或化学的限定条件或哲学上的宿命论。在形形色色的宗教中，人们可以发现宿命论和自由意志的声音并存。我们的自由意志受许多东西限制：有时我们撞得头破血流也敲不开一扇门，但是有时轻轻叩击几下门就开了。有些东西你殚精竭虑也完成不了，有些

---

① 约翰·休斯顿（1906～1987），美国当代著名导演，以反叛和古怪著称。9次被奥斯卡提名，曾摘得奥斯卡最佳导演和最佳剧本奖。导演过《马耳他之鹰》、《宝石岭》、《克里姆林宫的来信》等多部影片。

你相信"命运"吗？你认为活着的
目的就是兑现自己的命运吗？

Our free will is
intertwined with our destiny.
In a sense, through our free
will we fulfil our destinies.

SEYYED HOSSEIN NASR

我们的自由意志
与命运相互交织。
从某种意义上讲，
通过我们的自由意志，
我们才能实现自己的命运。

西耶德·侯赛因·纳撒

东西却能易如反掌地完成。这就是我们的命运在作祟。在作
抉择的关键时刻，我们人类会有自由的直觉。所以我们的自
由意志与命运相互交织。从某种意义上讲，通过我们的自由
意志，我们才能实现自己的命运。一个快乐的人的自由行动
与他的命运相符合。我曾经在某地说过，尽管我不是佛教徒
也不是印度教徒，但幸福就是使一个人的 karma 成为他的
dharma。dharma 在梵文中是美好富饶的世界的意思，也代
表着责任、天职、道路以及命运。而 karma 是由这些行为所
产生的我们的另一些行为或反应。从宗教的观点来看，命运

是上帝赋予我们的。在某种特殊的方式上讲，实现一个人的命运就是屈服于上帝的意志，而这种屈服必须通过我们的自由意志。所以使自由屈服于上帝的意志，我们在某种程度上也是自由的。

西蒙·佩雷斯

我认为我有一个机会，但这不是命运。我想我不得不抓住这个机会，然后再好好地利用它。

纳尔逊·曼德拉

我认为不是命运而是义务让我去帮助那些需要帮助的人。我相信作为人类，有些事情你必须去做，只有这样才能改进人类的生活条件。我们最大的挑战是贫穷。如果你能摘掉贫穷的帽子，你就是为社会作了贡献。没有任何东西比贫穷更为令人羞愧的了，因为它侮辱了人类的尊严。因此我们的责任就是务必使人们摆脱贫穷，使人们能够照顾他的孩子和家庭以及社会。我坚信总有一天，这个世界能完全摆脱贫穷。你有的将不再是过去的价值观——在那种价值观里很多人讨厌贫穷。希望每个人能在教育上或其他方面上都相同。

阿尔弗雷德·格瓦拉

我认为人类创造了自己的命运，而对于我来说，这一证

　　这是英国伦敦著名建筑之一——威尔士教堂，位于英国西南部，具有明显的英国哥特式建筑风格。在忠诚的祷告者心中，它是圣洁的地方，也是与自己命运紧密相连的处所。

I don't believe it is my
destiny but my duty to help
people where I can offer help.
NELSON MANDELA

我认为不是我的命运
而是义务让我去帮助那些
需要帮助的人。
纳尔逊·曼德拉

据就在于，那些先天的无知者无法改变他们的命运，而那些受过教育的、优秀的、敏感的人能够创造他们的生活。

鲍勃·吉尔道夫

我实在无法接受命中注定这个观点。它暗示着，如果有人过着贫穷的生活，那么他们就是命该如此。但是这不是真的。一系列的变故会使某些人变成超市外只有一个卧具包的流浪汉。这是环境造成的，命运并不想让这些发生。同样，

你相信"命运"吗？你认为活着的
目的就是兑现自己的命运吗？

如果你身边发生了一些奇遇，有可能不是命运而是你自己，使一些莫名其妙的思想在现实生活中得到了实现。

乌娜·M. 科罗尔

我相信我是在通过生活去实现上帝的意图，并且将会在天堂与他一起幸福地生活。我对天堂的想象，那就是它与上帝的同一，而且它是从在地球上生存就开始的。作为许多忠诚祷告者之一，我感觉到自己被召唤，我觉得上帝召唤我，要我做威尔士教堂①里的牧师，或一个忠于上帝的妇女。最初我是作为一位有 30 年婚龄的女人，现在则以生命立誓做一名隐士。

大卫·弗罗斯特

我不认为我有个预先被规定的命运。命运这个词有点夸张。我相信你有很多机会，它们像分岔路、十字路一样。如果你抓住了这些机会，你就不仅仅把握了你的命运，而且发挥了你的潜能，实现了你的抱负。如果你转错了弯，拒绝了机会，毫无疑问，你就不可能实现这些理想。我记得，有个故事说一个人因为船舶失事而流落到一个荒岛上，于是他就祈求上帝来救他。不久，出现了一条当地木船，船上人问他

---

① 威尔士教堂，英国伦敦著名建筑之一，始建于 1184 年。

想不想上船，他说："不，上帝会拯救我。"过了一会儿，一艘更大的船出现了，接着又出现了一艘货轮，但他只是重复说："不，上帝将会拯救我。"上帝最终没有出现。他死后去了天堂，跟上帝说："上帝，我向您祷告，让您救我，您却让我失望了。"上帝说："你说什么？我先派了一条当地的木船，后来又派了一艘大船，我甚至派了一艘货轮。"我猜上帝只会帮助那些自助的人。

查尔斯·勒·盖·伊顿

最终，我相信命中注定。尽管从一定层面上来讲，自由意志是确实存在着的。我们不得不接受一个对我们来讲毫无意义的矛盾——可是，为什么我们期望每件事情都要有意义呢？我们做的事，身边发生的事，遇见的人，都是为了去实现我们的命运。那正是为什么我们在这儿的原因：在戏剧创作之前，我们必须去扮演那分配给我们的角色。

吉乌尔·赫里安

我认为答案是肯定的，确实有命运，尽管没有人知道它是什么。我认为，我们越放松地去承认自己本身是命运的一部分，并且越听从命运，生活就会越容易。我有我自己的守护神在照看着我。比如，我从来不是特别喜欢去旅游，但是如果我有机会，我会出去旅游。

达第·强奇

我感谢上帝，因为他让我属于神，并且分配给了我一个特殊的角色，让我去服务于这个世界。我一直赞美一切，我的心对所有的东西都充满感激。我相信我将一直做上帝的伙伴，能够对世界有所贡献。这就是我生活的目的。

保罗·科埃略

我相信每个人都有一个命运。在这种观点下我写了一本书——《炼金术士》（*The Alchemist*）。书中，主人翁称他的命运为个人传奇。我追问自己好多年，我在这儿干什么，我的宿命是怎样的。从不同的宗教和哲学流派，我得到了数以万计的答案。但这些答案我认为都不对。我想，我们应该为生存的神秘而感到敬畏，应该谦虚。应该说，我们并不十分了解发生了什么事。但是我知道，当我热心于生活时，我已经接近了我的命运。在你的生活中，生命几乎就是一个活生生的人，一个庞大的身躯，好像你就是灵魂中的一个细胞。

当你充满热情地接近我称之为你的代理人的时候，你就在做一些对你有意义的事。当你接近你的宿命时，你就影响了世界的灵魂。宿命像火车，载着你驶向死亡。在这列火车上，你能从卧铺席走向硬座席，从一个舒适的环境到一个不愉快的环境。在车厢里，许许多多的可能性都有可能会发生，但你仍然

— 109 —

I know I am close to
my destiny when I am
enthusiastic about life.

PAULO COELHO

当我热心于生活时，
我已经接近了我的命运。

保罗·科埃略

在同一条铁轨上。火车是移动的，这就是宿命，不是命运。

罗伯特·费斯克

不，我从未考虑过个人的宿命。但是我们全都生活在历史恶意的影响下。我当然也是。在一战后的两年内，我的父辈创造了巴尔干半岛和北爱尔兰以及中东的边界，而我的整个职业、人生就是为了看这儿的人去烧毁这些地区。因此，我也不知道将来会发生什么，但历史肯定能消灭我们。

　　面对着这幅俄罗斯的名作《九级浪》，也许人们会深深感到个人是命运的主宰。人们只有在生活的风浪中去搏击，才会改变自己的命运。

博　诺

我认为你创造了自己的命运。你每天都做出选择。对于我来讲，最重要的观点之一，就是能再一次重新开始。这就是为什么我同意犹太人 50 周年庆祝所做的 2000 个关于取消最穷国欠最富国债务的主张。东山再起的能力在任何有价值的哲学中都得到了体现。把过去弃置脑后，并不意味着让你忽略过去，而是让你从过去吸取经验，从而继续前行。

安吉丽卡·休斯顿

我认为命运让我生而为我，然后遵循命运的安排。当然有时候我也会质疑生命的意义，我的人生使命是什么？可能是什么？我知道我的使命不只是养育孩子。因此，我认为我的使命已经在某种程度上，希望现在是或者将来是，使人们认清事物的两面性。

杰克·尼科尔森

哦，我是个二战期间出生的孩子，所以我有强烈的世代英雄观，一种渴望伟大的理想。这些都是正常的雄心壮志。我的生活背景让我想做些有意义的事。但是，到你像我现在这样时，你就会不能确定自己是否曾经想要的、曾经做的或

你相信"命运"吗？你认为活着的
目的就是兑现自己的命运吗？

I believe you create
your own destiny.
You choose it every day.
BONO

我认为你创造了
自己的命运。
你每天都做出选择。
博诺

者知道将要发生的事情。

迈克尔·雷德福

我一直相信我有个宿命。当然，随着时间的流逝，我很
清楚我已经浪费了太多的时间。但当我还是个小孩子的时
候，我就感觉我有一个宿命，正是它让我进入了好莱坞。一
些人粗鲁地问我："你是为了钱还是为了名啊？"我说："我
有宿命感。"他们于是说："哦，原来是为了名气啊！"

哈利·戴恩·斯坦通

所有的一切都命中注定。没有人掌控它，它只是一个巨大的奇迹般的征兆，从虚无中来，又回到虚无中去。我们做预定要做的事情。我与生活中发生的事情毫无关系。发生在你我或任何人群中的每件事情，就是应该以那种方式发生，没有人能够控制。我们想坚信并坚持一个信念：我们是个人，是一个有身份的独立的并将永远独立生存的个人。这是另一个自我构想，一个神话，一个像圣诞老人那样的幻想。

史蒂夫·范

是的，我相信我们都有宿命，你不能愚弄命运。有些人认为，时间是连续的线性的形式，认为所有的东西在现在共存，这是真正的幻想。奇怪的是，这些概念让我有着水晶般清晰的感觉。我相信每个生物的生活都是重要的，因为这是它们灵魂进化的特殊的阶梯。任何一个人或生物都不比另一个更重要。这就是为什么我们生而平等。我们都致力于一个相同的目标，而且我们最终会实现这个目标。

莎朗·斯通

是的，我觉得我们都有着宿命。我们要决定应该怎样正直地实现我们的宿命。

埃玛·萨金特

我觉得去实现自己的宿命比掌握它更让人觉得傲慢。我认为我的义务就是去填满自己的生命，而且上帝会教给我该怎么做。伟大的事情有时候是会出现的。我感觉我们有一系列的选择，我们所有的人都有着化学构成。有时当你觉得你有一大堆的麻烦，而不仅仅只是一个问题时，你的情绪将会爆发，因为你有太多想要去实现或者想要去做的事情。但是，当你知道它们决不会真正的发生，也决不会在合适的时间里发生时，你会觉得非常沮丧。你不明白，为什么仅仅因为命运的一些转折，你就会与你期待的命运失之交臂。时间在流逝，这就是一切。当你有宿命感时，你就不得不耐心等待。当人们不得不承认他们做错了事情时，他们真的就做对了。如果你认识到世界有个旋律，并且能跟随这个旋律，那么，你所有的事情都会如愿以偿的。

彼得·乌斯蒂诺夫

不，我从未真正认为我有宿命。生命中的美好事物让我吃惊，这就证明了我从不期望什么东西，也不追求什么东西。我从不期望做武士，也不想成为无所不能的法兰西学院

— 115 —

（French Academy）^① 或美丽的艺术学院的一员。我从未期望过半数发生在我身上的美妙事物。

法拉赫·巴列维

我认为人的命运是命中注定的，但是我不知道我的生活中有百分之几是宿命。当我为我的国家忙忙碌碌感到非常累时，我说："我不知道我在做什么，这是我的选择还是我的命运？"我的姐姐菲瑞拉茨就说，这是你的命运，它让你别无选择。当然，今天我能做出选择，然后接受所有的后果。我能说我不想为我的国家或同胞做些什么，我只想跟我的家人生活在一起；但是，这肯定会引起轰动，而我选择去接受这种反应。无论如何，我关心我的国家，正如我女儿说的，这不是个简单的选择。

大卫·林奇

是的，我认为我有个宿命。宿命通常与理想有关，意味着你想实现某件事情。但我也认为，每个人的宿命就是努力去保持那开放的不受约束的意识、知觉。道路是真正存在着的，所以你能游刃有余地生活。

------

① 法兰西学院，1635 年在路易十三的首相红衣主教黎塞留的倡议下建立。设院士 40 人，绝大部分是文学作家，后来陆续入选为院士的也有少数哲学家、史学家、经济学家，以及知名的政治家、外交家甚至军事家等。

　　这是法国画家德加创作的《巴黎歌剧院的乐队席》,画家以写实风格描绘了正在为芭蕾舞伴奏的乐师们。那些音乐师们全神贯注的神情仿佛向世人昭示他们的命运已紧紧与音乐连在一起。

索菲娅·罗兰

老实说，我不认为我有一个宿命要去实现。命运大部分由我们的行动产生，我们应该为我们所做的事情负责。

曼戈苏图·布特莱齐

我十分相信宿命，我生来就有宿命。上帝创造我是有目的的，当我在地球上生活时，我就必须完成这个使命。

迈克尔·菲茨帕特里克

我相信我有宿命。我十分确信我是一座联系一代代音乐人架起的桥梁。我有一种感觉，我要去发现一种新的音乐，以音乐的力量来治疗这个世界。这两样乐器一起工作：一个100年前制造出来的原声大提琴，一个在西雅图制造出来的五弦电子琴，让我的使命感有了现实结构。我认为在大自然中长大让我与宿命紧紧相连。我有伟大的艺术家父母；优秀的姐姐们——她们一个是摄影家，一个是小提琴手；我的祖母罗斯是位音乐会的钢琴家，她能用任何键弹出任何音调，比我所听说过的所有钢琴家都优秀。

在我 17 岁的时候，发生了一件只能称之为奇迹的事件。在北卡罗来纳，面对 2000 名观众，我站在音乐厅的舞台上，身后有 80 人的管弦乐队，我正拉了一半爱德华·拉罗（Ed-uard Lalo）[①] 的大提琴独奏曲，突然感觉礼堂的天花板打开了，一道光线穿过这死气沉沉的大厅，开始从上至下，直接向我涌来。我感觉自己整个人沐浴在金光之中，而且我听到了一个声音——一个来自大提琴的金色的声音。在接下来的表演中，我发现自己身处一个永久的空间，每个音符都有着能量。从这以后，我知道发生了一件奇异的事，一件从此以后永远改变了我的生活的事。我觉得我被上帝抚摸过，而且他通过音乐给了我一个特别的礼物。

弗雷·贝托

我相信你是在你的生活环境、内化的价值观念以及生命的时机上，设计着你自己的命运。

罗伯特·格雷厄姆

我认为我有一个宿命。它就像你必须处理的一个包裹。你看着它说：我能扔掉它，或者我能使它发挥作用。每个人得到的包裹都不同，所以你就应该为你得到了别人所得不到的东西负责，你还得让它物尽其用。如果你不这样做，你就

---

① 爱德华·拉罗（Eduard Lalo，1823～1892），法国作曲家和小提琴家。创作有《西班牙交响曲》、《伊斯王》、《纳莫纳》等多部交响乐及歌、舞剧。

不能完成命运注定的那个特殊使命。这有点儿像基因链。

阿宾娜·迪·鲍斯罗维瑞

我认为我们都有宿命，但每个人的宿命都是不同的。想找到能达成你的使命的道路是非常困难的。当你年轻的时候，你需要有许多的生活经验才能做到。这正如当你能自由选择各种丝线的颜色时，你才能编织一种图案。在你生命的最后一天，你所编织的图案就是你的命运。你使用绿线还是红线，这会产生一种你难以预测的波浪效果。

吉安弗朗科·菲利

我认为宿命就像一匹从你面前跑过的白马，而你必须跃过它才能决定你自己的命运。你必须创造出你自己的风格，来完成这一改变你生活的跳跃。我认为个人是自己命运的主宰。我会实现我想做的，即使是以冒险为代价，但它同时也证明了我自己的能力。

理查德·道金

我认为每个人都有自己的雄心。宿命这个词听起来很伟大，但是也给人一种感觉，似乎这种力量是外界强加给人的，自然界对人的生活方式的选择是有重要影响的。我没有

找到一种有效方式去看待命运，我宁愿说，我就像一个自由
的代理人，有雄心，有期望，有目标，有希望。

伊拉娜·古尔

是的，我认为我的艺术有个宿命，这是唯一让我知道自
己该干什么的想法。

艾德·贝格利

我对宿命了解的不多，我只做目前需要做的事。这观点
有点像佛门弟子"当一天和尚撞一天钟"的意思。只做眼前
的事比有许多伟大的计划——如拯救世界呀，更有意义。我
很幸运我有个小女儿，她是我的开心果，她让我想养育另一
个孩子。我已经有两个成年的孩子，所以还能再生一个小女
儿简直就是奇迹。所以我猜这就是我的命运，那就是努力去
养育一些漂亮的孩子。

~6~

What has life
taught you
so far?

第六问：

迄今为止，

生活教会了你什么？

弗雷·贝托

生活让我懂得:只有爱才可以拯救人类。我曾经在巴西的军事统治下被送进监狱——四年内发生过两次。我从来没有憎恨过那些折磨或者监禁我的人。这样做没什么好处。我认为憎恨首先摧毁的是憎恨的人,而不是被憎恨的人。生活是一种非常美丽的冒险,充满着爱。令人遗憾的是,我们身边如此之多的人都没有意识到这一点。我想,直到整个人类

Life has taught me
that there is no salvation
other than love.
FREI BETTO

生活让我懂得:
只有爱才可以拯救人类。
弗雷·贝托

都享有公正、自由、和平的那一天，我才会真正地感到快乐。

查尔斯·勒·盖·伊顿

　　生活让我懂得去接受我自己的愚蠢和我性格中不可逃避的矛盾，去接受是命运让我成为的那个人。试着去观察别人，就像他们自己曾经做过的那样——这是理解他们的唯一方式。去欣赏这个黄昏暮色和另一个黄昏暮色之间的不同。去相信如果你喜欢别人，别人可能也喜欢你。去相信别人，当然还因为不信任是多么让人烦恼。去接受失望是跌宕起伏的生活中的一部分，而抱怨只会伤害自己。去接受自己天生的懒惰，因为自己从来都没有想到过要改掉它，所以又何必担忧呢？为了自欺欺人或者自我辩解，声称人类以其极限去容忍惊愕的现象已经很普遍，是否还有必要让人类幸存于世上。最后，如果可能的话，还是要快乐，不要悲伤！

迈克尔·雷德福

　　生活给我上了重要的一课，那就是一切不会重演。我认为这是生活教育我们的最好方式。虽然在你年轻的时候，你觉得它似乎无穷无尽，但是在你年长以后，你可以觉察到生活的逝去，这时你才意识到：生活在你懂得它之前就已经从你身边溜走了。除了这个，你还意识到，当你在生活中做出某些基本的选择时，通常你是在无意识地做出选择。当时你匆匆忙忙做出决定，等到多年以后你意识到它时，你的生活已经有了很大的转折。你会觉得奇怪，当初使你快乐或悲伤的重要决定，后来怎么也不会觉得重要。因为生活逐渐让你懂得，你必须把你的每一天当作最后一天来过。

事实上，在我这个年龄，在年轻人身上我发现了一点，那就是：生活是充满无限可能性的，你可以把自己想象成各种不同的东西。你可以一直这样，直到某一天醒来，说："哦，主啊，我是个电影导演，这就是我的生活，这就是我所选择的。"你不再想象你是环游世界的游艇竞赛手，也不再想象你是牧民，以及其他时常想象到的什么。但是，你也将不会再愚昧度过余生，因为十年前所有你认为"可能会"的事情，现在只是觉得"已经这样"。这就是我所拥有的生活，真的很短暂。

博　诺

我知道我学得很慢，但当我最终学会时，我就会牢牢抓住它，把它握在手中，丝毫不放。我只希望在开始学习时我能学得更快一点。

伊拉娜·古尔

生活让我懂得要更文雅，因为并不是每个人都一样。生活让我学着要更有耐心、理解更多，因为我们每个人并不是都一样。当然，还要仔细观察，学会控制感情。我常说：人的年龄越大，对生活就懂得越多。如果在年轻的时候就知道这些，那么，你的生活可能会变得更快乐。但是，生活是一个成长的过程，它让我们尊敬人而不是他的地位。因为只有当我觉得你真诚待人、关心别人并相信你所做的事情时，你我相处才会是融洽的。

保罗·科埃略

我试着把自己看作旅行的人：穿越时光，与其他游客为伴，活得简简单单，随处游览游览，知道上帝在万物之中，同时脑海里有一个目标。成为师傅或徒弟是循环交替的：如果你只想成为师傅，你就迷失了你自己；但是如果你只想成为徒弟，那你也迷失了你自己。我的目标是与主保持不断地交流，并理解快乐和痛苦就像银币的两面缺一不可。所以，不要试图弄懂主，而是与主保持交流吧，一天至少反省一两次。

阿宾娜·迪·鲍斯罗维瑞

随着我儿子的逝去——他不仅是我唯一的爱，也是我释放爱的方式——我懂得了：继续做个有爱的人就必须相信内在的自己。你不能把你自己爱的能力完全建立在简单的关系

法国画家布勒东的
《拾穗归来的妇人》,是
一幅极为抒情的劳动画
卷。透过画中人物沉郁
多思的面孔,反映出生
活的艰辛。

上，因为一旦那种关系的一方消失，你就会完全迷失自己，不知所措。所以我制定了一个明智的生活规则：成为坚强的自己。从中你能释放爱，并能真正给与爱。那时，你不再依靠任何爱的交换。我还懂得了另一件事情：万物的珍贵和时间的短暂。观察人们，眷恋你所爱的人，寻找你的道路、你的个性……在做这些事情时，你发现时间真是太短了。你从来不知道今天在这儿的东西是否明天还在，或者今天所说的话是否仍会延续到明天、延续到你的整个一生。有句话是这样说的："把杯子看成是半满的而不是半空的。"这个比喻很贴切，也很重要。

纳尔逊·曼德拉

我从生活中学会感激，感激我活着并能够服务于这个社会。

吉安弗朗科·菲利

生活就是已经给与你的。你必须在你的一生中保持自由，你必须相信一些事情，你必须尽量不去妥协，不然你就会不快乐。

达第·强奇

我仍然在学习很多事情。其中很重要的一点是，我学着

> I have learned that you
> can lose everything in life but
> what you should not lose is
> your dignity as a human
> being, otherwise you have
> lost the battle of life.
>
> FARAH PAHLAVI

我懂得，除了做人的尊严，
你可以失去你生活中的一切；
因为没有了尊严，你也就
失去了在生活中拼搏的勇气。

法拉赫·巴列维

不把我自己和其他人加以比较，不迷恋自我的痕迹以及其他自己的任何事情。我还从上帝那儿学会谦卑，并希望能够从任何事情中获益。每个人都渴望得到爱。

法拉赫·巴列维

我学会了不对自己感到抱歉。生活对每个人来说都是一种奋斗。我遵循古训："主给我淡定，让我去接受我不能改变的事情；给我勇气，让我去改变我能改变的事情；给我智

慧，让我去辨别是非。"我还认为那句法语格言"Les con-
seilleurs ne sont pas les payeurs"很重要，意思就是："站着说
话不腰疼。"我懂得，除了做人的尊严，你可以失去你生活
中的一切；因为没有了尊严，你也就失去了在生活中拼搏的
勇气。

埃玛·萨金特

我所懂得的一点就是要谦卑，而且你会因此得到奖赏。
如果你有天赋，你该在你的心灵和技艺上一样付出双倍的努
力。你该对自己要求更严格，并知道那是上帝所赐，你微不
足道，若不是因为主，你一无所是。

阿尔弗雷德·格瓦拉

生活让我知道了它很艰辛，有时甚至还很不幸，但仍然
是值得生活的。没有什么事情比创造更美妙，我指的不仅是
在艺术上或者在科学上，而且包括在人的潜力方面。在人生
中哪怕是最简单的时刻，都充满着创造力。照顾他人，被别
人所爱，激发学生的良知……当你觉察风华正茂的人对知识
和情感充满兴趣时，你会感到生活很美好。而所有这些都让
人感觉生活不仅美好，而且值得。

There is nothing more
wonderful than creating···
to be creative even in the
simplest moments in life.
ALFREDO GUEVERA

没有什么事情比创造更美妙，……
在人生中哪怕是最简单的时刻，
都充满着创造力。
阿尔弗雷德·格瓦拉

罗伯特·费斯克

"生活"是什么？是当过一个记者的经历？我想，在黎巴嫩内战时期的生活经历让我懂得：在很难做出决定但又要立即做出决定的事情上，要坚决地做出决定。在战争中是否穿越马路，是否去某个城镇，面临危险时是待在室内还是继续前进，你不得不用你的生命来做出决定。你不能犹豫不决，因为你得告诉自己你必须做出某些决定，而且一旦你做错了，你的生命也将会结束。

生活让我懂得珍惜历史。是我的父亲让我对历史和书籍开始感兴趣的。我认为书籍非常重要。我不用互联网，不知道如何使用，也不使用电子邮件。如果你想给我一些重要东西，那就该是书籍和历史。历史让我获益颇多。

索菲娅·罗兰

生活教会我：为我所做的美好事情和家庭的珍贵价值而感到快乐。

大卫·弗罗斯特

引用我父亲的一句话来说，那就是："即使休克的钟也会一天正确两次"（Even a stopped clock is right twice a day）。如果你准备去探索、去学习，每个人都会有东西传授给你，哪怕是一架休克的钟。用同样的方式去对待每一个你遇到的人，这很重要。我还懂得：当事情顺利得难以置信时，它通常会因顺利过头而出现毛病。总而言之："易来之物，敬而远之。"

朱尔斯·霍兰德

生活教给我的最重要的事情是：尽管我一直在学习新事物，但我真的还是有很多不懂的地方。如果你认为自己知道一切，那么你就大错特错了。我还知道即使你拼命努力，事情也并不能得到解决。人们只能做他们能做的事；不该对他们不能做的事感到垂头丧气。你可以从你周围的任何事情中，从你最没有想到的人身上学习。虽然并不是所有的人都有耀眼的或闪亮的话语，但是大多数的人都会有自己的观点，可能是你自己屏除了它。另外，我所懂得的事情就是知道在什么时间说什么话，什么时间什么话也不说，语言简洁是最好的。这些道理非常重要。

曼戈苏图·布特莱齐

生活教会我的重要事情是服务他人。尘世的生活有苦有甜，有时还要经受痛苦。作为一名基督徒，《圣经》一直在给我勇气。基督说无论谁想跟随他都必须把十字架放在自己面前。每当我蹒跚不前、力量减退时，我发现它非常激励人。如果没有痛，哪能懂得它的对立面（爱）呢？

理查德·道金

因为我是一个生物学家，生活让我知道它是什么，起源于哪，为何存在。

扎克·戈德史密斯

首先，生活让我知道：在人这种动物身上既有最好的一面，又有最坏的一面。我们的祖先相信有比人更强大的事物，或者他们认为他们的祖先是伦理道德的守护者，或者他们崇拜自然界中的神异，再或者他们相信有一种万能的力量。今天，我们的领袖相信没有比人更强大的事物。他们相信他们继承的是一个扭曲的世界，并认为重建它是我们的责任。他们认为主做的不对。这导致了对科学技术"进步"（progress）的迷恋，甚至产生了当我们的星球资源枯竭时移居其他星球的愚蠢想法。依照尼尔·阿姆斯特朗（Neil Armstrong）① 的见解，到达月球的主要好处就是人不再觉得"受控于地球"。

　　同样的技术迷恋也已经波及国外。例如，在发明处理核能导致的放射性废物的安全方法之前，核能已经被广泛使用。这显然不是那些科学家们关心的问题，他们声称废物排出时，科学会找到解决方法。科学从未找到解决方法，而且我们星球的大部分地区都具有了放射性。因为在他们看来，人就是主，不会做错。如果我们仍然执迷不悟，将会通过人道来回归自然世界。所谓恢复人道，就是让我们意识到在庞大复杂的系统中，我们只是沧海一粟。

---

① 尼尔·阿姆斯特朗（1930～　　），美国第一个登上月球的宇航员。从月球归来后发表过《我们登上了月球》的著名演讲。

　　第一个登上月球的宇航员阿姆斯特朗认为，到达月球的主要
好处就是人不再觉得"受控于地球"。也许登上月球时，会有一种
脱离地球上生活的一种无拘无束之感。

I've found out that
everything in the world
is perfect, and that God
knows what he's doing
even though we don't.
STEVE VAI

我发现世界上的一切
事物都很完美，
发现主知道他正在做什么——
虽然我们并不知道。
史蒂夫·范

史蒂夫·范

我发现世界上的一切事物都很完美，发现主知道他正在做什么——虽然我们并不知道。

西蒙·佩雷斯

生活让我知道它极其短暂，因此不要把时间花费在悲观、失望、气愤上，这是对时间的浪费。也因为生活如此短暂，我们应该把它看作鲜花而不是利刺：有品味、气味和形态。虽然我知道生活一直打击、伤害我，但我仍感激、不抱怨。总的来说，我在生活中有过很多机会，可能多于我应有的；我也受过许多人无私的鼓励和帮助，这都没有任何原因，因为他们从不要求回报。

乌娜·M. 科罗尔

我知道生活充满痛苦和欢乐。两者缺一不可。主超越了痛苦和欢乐，主让我充满信仰、爱和希望。教给我这些的老师就是基督。

Life has taught me that
it's a wonderful adventure.

PETER USTINOV

生活让我知道
它是一种美丽的冒险。

彼得·乌斯蒂诺夫

— 139 —

彼得·乌斯蒂诺夫

生活让我知道它是一种美丽的冒险。我结过三次婚，但如果我一开始就娶到我现在的太太，我会只结一次婚。这说来容易，但我就不会有同样的孩子，而这也会使我感到无比遗憾。生活中有数不胜数的矛盾。没有它们，我认为生活将会很枯燥。有人追求完美，会发现那不值得，因为完美本身毫无生气，它静止不动，无颜无色。个性和完美是不可兼得的。

西耶德·侯赛因·纳撒

生活主要告诉我：最大的目标就是找到真理并依真理而生活。这是生活教给我的最重要的一课。我的一生经历磨难，最厉害的时候就是在伊朗革命①时期，我失去了我所有的财产和私人图书。在 1979 年，我不得不重新开始我的生活。当我的妻子和两个孩子走出伊朗时，那是极富创伤的经历。但我能战胜一切，因为对我而言，尘世的生活不是真正的生活，真正的生活是我对真理知识的追求。我说的知识是真正的智慧，梵文是 jnana，拯救的知识。我早就认识到生活的意义就

———————

① 伊朗革命，20 世纪初伊朗反帝反封建的资产阶级革命。1905 年爆发，在英、俄帝国主义的干涉下，归于失败。

是测试，如《古兰经》所说，大多时候生活就是测试，在那里测试我们。

戈尔·维达尔

生活让我知道没有什么是我不能拼搏的。它虽不公，但让人充满期盼。大多数的人在世道不公和循规蹈矩中崩溃。我生来就是个战斗者，有着典型的戈尔①特征，所以生活让我充实。生活给我太多不公，不仅在私人方面，也在我周围环境之中。所以我一直有一股动力之流，有一把锋利的刀。

朱尔斯·霍兰德

到目前为止，生活让我懂得：你从经历中绝对学不到任何东西。我认为，对于生活中可怕的灾难，唯一的方法就是心存希望，它会使你更有同情心来帮助处在同样处境中的人们。

---

① 戈尔（Goer），指美国政治家，第 45 位副总统艾伯特·戈尔（亦称阿尔·戈尔）（1993～2001 年在任）。1976 年当选田纳西州众议员，1984 年成为该州参议员。1988 年尝试获取民主党总统候选人席位，但未能成功。1992 年作为比尔·克林顿的竞选伙伴再次参选，成功当选副总统。2000 年竞选美国总统，但以微弱劣势输给乔治·布什。

艾德·贝格利

生活教会我简单生活。取我所需，这证明我现在实际上比我少年时所需的要少得多。原先，我想要一栋大房子、一台热水器和一辆跑车。然后，在较早的年龄——大约 20 岁的时候，我只想去个不同的方向。我住在一座很小且简陋的房子里。尽管从空间上来看，它十分宽敞，世界上大部分地区的人也都会认为这是座豪宅，我也是这么认为的。这就是我所需要的整个豪宅。我一直住在一个相当简单的地方。我有我所需要的所有东西。我的需求也已经实现很多年了。

大卫·林奇

在生活的某处，它让我看到我们人类有个十分美丽的未来。他们说我们是圣火火焰，有能力去看到那个美丽的未来。能否生活在那个未来取决于每个人的努力。

莎朗·斯通

生活教会我：把自己拾起来，放入土中，再重新开始。

安吉丽卡·休斯顿

生活教会我：你必须面对事情，不要羞涩地躲避它们。

　　这幅美国传世名画《庆典游行》描绘了在节日的庆典之日载歌载舞的人们，不禁让人感到生活赋予人们的欢乐。

我不喜欢去看医生，我害怕医生会告诉我什么，虽然他们对我的健康有益处。我敢于挺身而出，能够无忧无惧，这对我也是有益的。恐惧与兴奋时常伴随我，我认为这也是我装扮的一部分，另外也可能是因为我天生对表演感兴趣。

鲍勃·吉尔道夫

生活让我知道：生活是你能做的最艰难的事情。

Life has taught me
that it's the hardest thing
you can do.
BOB GELDOF

生活让我知道：
生活是你能做的最艰难的事情。
鲍勃·吉尔道夫

~7~

What advice
or words of wisdom
would you
like to pass on
to those
close to you?

第七问：
你愿意与你周围
较亲近的人分享
你的人生智慧吗？

纳尔逊·曼德拉

昨天有价值的今天不一定就有价值，所以，给别人建议是件要特别小心的事情，尤其是面对年轻人。我儿子 16 岁时来监狱看我，我认为我有责任和他谈谈，告诉他如何为人处世。我以为当时他在很认真地听。当我说完，他笑着说："爸爸，不要给我未经请求的建议。如果我想要建议，我会请求你的。还有，你的建议已经过时、不管用了。"所以，我在给别人建议时是非常谨慎的。

伊拉娜·古尔

不要害怕生活，也不要害怕拼搏。如果你想要什么，那就去追求它吧。没有人可以帮助你，除了你自己。之所以有人会帮助你，是因为他们看到你在拼搏。但是你自己不应该期盼从别人那里得到什么，因为有期盼就会有失望。如果是你能给与的，那就给与吧。找一个能够与你同分享、共分担的人，否则生活将缺乏意义。和你信任的人分享你的快乐，分担你的忧愁。不要用你的焦虑、悲伤和疾病去打搅别人，他们不喜欢那样。人总是在走向光明之处。用快乐的心去接触别人吧！当你收到礼物时要高兴，因为它很珍贵，你要接受它，而不是说："不，我不需要。"收下它，他们给你礼物就是想要你收下。生活是艰苦的，但是你必须相信自己。有

Life is tough;
you have to believe
in yourself.
ILANA GOOR

生活是艰苦的，
但是你必须相信自己。

伊拉娜·古尔

些东西你不能教给某些人。人们可以鼓励你，特别是那些爱
你并已经成为你朋友的人。但是当夜幕降临时，你还是独自
一人，并且你也将独自一人走向坟墓。

戈尔·维达尔

我不给别人建议。我认为，如果在你恰当地过你的生
活，你也就树立了榜样——我 75 年的经历就是这样的。多
年来我爱恨交加。我站在人民的立场上诉说着事实。这既是

我对世道不公和愚蠢的回答，又让我感到兴奋和精力充沛，再没有比这更高兴的了。因此，我的建议就是我的生活。你可以从我生活的一方面看，然后会说："哦，主啊，多么糟糕！"或者从另一方面看，然后说："他以他自己的方式生活着。"

迈克尔·菲茨帕特里克

充满梦想。一直充满梦想。梦想过去和未来。付诸行动。去创新，制定计划并随之而行。一直坚持奋斗。尽你所能地微笑。

博　诺

我不会说这是建议，但是对我亲近的人，我会说我希望能更多地听你们的建议。

阿宾娜·迪·鲍斯罗维瑞

当你想帮助别人而又被严峻的形势压倒时，那么就想想海星的故事吧，它会给人们带来勇气。故事是这样的：一个男人在到处都是被海水冲上岸、面临死亡的海星的沙滩上，看到一个女人正在把海星一个一个地捡起来扔进海里。他问她说："你为什么要这样做呢？"她当时手里正拿着一个海星，她把它扔进海里，然后说："对于这个海星而言，我这样做很重要。"

阿尔弗雷德·格瓦拉

要我说一些智慧之语，那我首先必须成为一个智者。可惜那不是我的专长。但我还是建议他人尽他们所能来珍惜他们的人性和他们作为人的品格。人性，首要的就是培养透过他人外表理解其内心的能力。

彼得·乌斯蒂诺夫

在行事之前，审查告诉过你的所有事情；接着，在你思考很久之后，再继续思考思考。

迈克尔·雷德福

我的儿，在我眼里，生活是三种事物。它是物质存在，你没有理由否认它；如果否认它，你也就否认了生活的一部分。但是，它同时也是种精神存在。无论你怎样观察它，它还是个很大的谜，你只能在夜晚站着，仰望星空。这是我常做的。要知道我一无所知，对我们的宿命无知，对任何事情无知。星星和无限的宇宙之间的距离，黑洞的事情，星星的消失、浮现……我看着这些想着，主啊！你必须要了解宇宙

的精神实质啊。你必须理解人类创造力这种特殊天赋。每个
人都有创造力,除非你经常使用,不然它就会凝滞。你必须
度过你一生中的每一天,因为它不容荒废。

扎克·戈德史密斯

如果我能传递信息,我敢肯定是主通过世界在做善事。
我们应该学着爱这个世界。不要试图为了让别人适应我们的
需求而投入与邻国的战争。我真诚地认为,我们应该寻求方
法让自己来适应这个世界。

吉安弗朗科·菲利

忠于自己,尽量正确对待别人。

保罗·科埃略

相信你自己的经历,要敢于活着,敢于做你认为是命中
注定的事情。相信他人的经历,但不要相信他人的智慧,因
为那是无用的。不要试图积累知识。你可以成为一个有教养
的人,但是你不能把那些带到来世,所以你要尽力探索生活
的奥秘。智慧是经历,要能不断地与主保持联系。我研究过
所谓的神秘世界,所谓的宗教世界,我意识到即使没有读过
宗教百科全书和神秘学这种书的最简单的人,都比我更接近

Believe in your own
experience，dare to be alive，
dare to do what you believe
is your destiny.

PAULO COELHO

相信你自己的经历，
要敢于活着，敢于做
你认为是命中注定的事情。

保罗·科埃略

主。所以，相信他人的榜样，同时也要给你自己机会成为榜样。体验你自己的经历，因为它是独一无二的。

弗雷·贝托

不要试图抓住河里的水。河水看起来始终一样，但是它在不断地更新自己。不要试图改变河岸。只要尽力保持河水清洁，建桥于河岸之上就够了。

　　这是德国画家托马的画作——《在森林的草地上》。描绘了在森林草地上摘花的女孩。画家似乎也在告诉人们要徜徉于大自然中，从中寻找自然之美。

安吉丽卡·休斯顿

关心你所爱的人。食健康之食，思健康之思。花点时间，流连于自然之中。尽量睡个好觉。不要遐想未来太多，也不要沉溺于过去太多。活在当下，观察你怎样度过每一秒。追逐你的梦想。释放自己。

西蒙·佩雷斯

我的建议就是认真对待自己。记住你的潜力远比你想象的要大得多。不断发挥你身上被压抑或潜藏的天赋，付诸使用。但是，当心不要让你的自我之心超越你自己。依靠你的潜力而不是自我之心。

法拉赫·巴列维

永远不要失去希望，懂得知足。还要磨练你的五种感觉官能，积极思考，充满爱与同情心，寻找和欣赏存在于自然、音乐、文学或友谊中的美。人必须尽可能用每种方法来使自己感到舒适。我很支持运动和沉思。

曼戈苏图·布特莱齐

我的建议就是：记住作为一个人，我们生来就是不完美的。而达到我们的主和良师益友所希望的那种完美，这是一个不断进取的过程。我们将会为之不断奋斗，直至死亡。在这个世界上所能获取的最大成就，就是成为仆人，服从主。

查尔斯·勒·盖·伊顿

建议完全取决于所涉及的这个人和他的环境。记住这一点：那些来请求建议的人，通常寻求的只是对他们所选道路的认可。在我年轻的时候，别人向我提出过许多无益的建议，所以我从不轻易给别人建议。

罗伯特·费斯克

我对记者的建议是：你应该挑战你的上司；尤其是在战争期间，挑战你们的军队和他们的军队，挑战你方的谎言和他方的谎言。这一点在战争时期比在和平时期更为关键。听着那充满爱国力量的、鼓动着战士们的集合号声，因此，在战斗中保持沉默是错误的。我认为我的许多同事都是在与权职人员一起工作，但是他们没有很好地监督这些权职人员。

阿莫斯·吉泰

我要对工作在电影院里的人说：尽量找办法去相信你所做的，并清楚地说出来。在我所拍的各类电影中，我希望能够与观众进行一些互动并尽力理解他们，因为我觉得向观众填鸭并说出一切是一种错误。你不仅要激发观众，还要让他们读懂你给他们的提示。我认为这才是个有趣的互动。

理查德·道金

我要对人们说：你们被赋予生命。好好利用你被赋予的眼睛，你被赋予的耳朵，你被赋予的头脑，你被赋予的双手。在你临死之前，尽可能多地去发现、理解、懂得为什么你来到这世上，你是在哪儿发现了你自己。所以当你还活着的时候，尽力让这个世界变得比你发现它时更美好。

莎朗·斯通

记住：你的整个人生就在此刻。这就是你的人生。所以，现在要生活得开阔些、充实些、丰富些。

哈利·戴恩·斯坦通

智慧就是我们意识到我们不是任何事物，我们仅仅只是整个宇宙的一个分子，最终还是会回到虚无。放松自己，保持宁静，安于现实。

　　这是位于特尔菲圣所的阿波罗神殿废墟及其地基。神殿的金顶上的格言"认识你自己",从古至今,影响了一代又一代的人。

达第·强奇

尽量远离尘世的喧嚣，被主所爱。这是对我亲近的人的美好感情，我一直低语着这些秘密。

大卫·林奇

条条大路通罗马。所以给别人建议，或者是推荐某事，这些都很可笑。人都应该成为探寻者，不断地加深自己的领悟。许多积极的事情会伴随着这种领悟和意识而出现，生活看上去会越来越好。

西耶德·侯赛因·纳撒

我建议：始终忠于真我，深刻了解自己。著名的特尔菲（Delphic）① 格言"认识你自己"（Know thy self）就是答案。"自己"并不是自我，而是位于我们心底和渗透在每个人心中的至高无上的灵魂。如先知（Prophet）② 所说，了解自己也就是了解主，忠于自己也就是忠于自己在世上的职

---

① 特尔菲，古希腊传说中的神谕之地。亦称特尔菲神殿，位于希腊雅典，以供奉太阳神阿波罗为主。神殿的金顶上刻有两行格言："认识你自己"，"凡事勿过度"。
② 先知，此处指犹太教、基督教《圣经》中所说"受神启示"而"传达神的旨意"或"预言未来"的人。

业,在尘世中的作用。也就是我们在这个世界上,在与其他人甚至是非人,尤其是在与主的关系上,要保持真心、真诚。这就是我最好的建议。

埃玛·萨金特

我的建议就是要谦卑,要感恩。否则,当你从未用生活的小事安慰你自己时,尝试任何事又有什么意义呢?我一生之中的最大快乐之一,就是做例如像上街购物这样的事情。我感到如此感恩,因为我能上街花钱,我能做一些真正的傻事。我会在街上遇见熟人,与他们聊天。住在世界上最美的城市之一,住在最好的地区,付钱做我常做的事情。主啊,我还能奢求什么呢?除了健康。那些在那儿数着他们没有的东西的人,对我来说是难以理解的。因此,只要感恩、谦卑就好。

索菲娅·罗兰

我想给我亲近的人的唯一建议就是:诚于心,诚于己。

朱尔斯·霍兰德

我不想给我亲近的人建议,因为我认为他们会觉得那很烦人。但是,有一件事我想对人们说:在音乐中,一件重要的事情就是要热爱音乐本身，欣赏音乐。这和为了从音乐中获取钱财而那样做，完全是两码事。

史蒂夫·范

如果你正在寻求人生建议或者珍贵的至理名言，那么就到那些真正激励人的书中去寻找吧，他们的精神发展是至高无上的。他们，也只有他们有权给与你可以接受的、实用的至理名言。可是，现在，如果你想知道如何在吉他上弹奏一曲，那么忘记那些家伙吧，我可以向你展示。

鲍勃·吉尔道夫

我在生活上不是很出色，生活对我而言甚为艰辛，因此，我有什么至理名言或者能给与帮助的话要传授呢？我有几个朋友面对生活时就像福斯塔夫①，他们把生活看得很可怕，他们把所有的事情都做到极限，无论是对待事业、饮酒、毒品、女人、孩子，还是运动。这不是我的性格。但是我若是住在他们那里，也会处于那种边缘，我会惊慌失措，

———————

① 福斯塔夫，莎士比亚在其历史剧《亨利四世》和喜剧《温莎的风流娘儿们》中塑造的形象。他是一个破落的骑士，在封建制度没落时期由贵族社会跌落平民社会，上与太子关系亲密，下与强盗、小偷、流氓、妓女为伍。莎士比亚通过这一人物，生动地再现了"五光十色的平民社会"，为塑造人物和展开戏剧冲突提供了广阔、生动、丰富的社会背景。

Only love can overcome
evil in the end.

UNA M. KROLL

只有爱才能最终战胜邪恶。

乌娜·M. 科罗尔

我太害怕贫穷和孤独了。

乌娜·M. 科罗尔

基督在《马太福音》第二十二章第 32—40 句话中的教导是：如果你真心爱主，你只会做使主高兴的事情。使主高兴就是要尽心、尽性、尽意爱你的主，并且爱人如己。我的整个人生都遵循着这条原则：通过非暴力和以善还恶来抵御邪恶。但是，这也增加了世上的邪恶。只有爱才能最终战胜邪恶。

吉利·库珀

我最喜欢的名言得益于 18 世纪生于法国、工作于美国的贵格会①教徒史蒂芬·格莱里特②："我期望我只能活一次，这样，我能做的任何事情或者我能向我的同胞表露的任何善良，我都会现在就做，而不是要顺从或忽视它们，因为这条道路我不会再走。"

杰克·尼科尔森

我不是善于给别人建议的人。但是作为父母，你希望自己能够对孩子产生积极的影响：找份好工作，不伤害他人……所有诸如此类的事情。我是一位相当出色的教练，胸有成竹。但是有时候你也要知道你不能说什么，甚至是对自己的孩子。不要给某人最好的建议，因为他不能遵循它。

---

① 贵格会，基督教新教的一个派别。又称公谊会或教友派，17 世纪成立于英国，创始人为乔治·福克斯。该派主张和平主义和宗教自由，反对任何形式的战争和暴力，不尊敬别人也不要求别人尊敬自己，不起誓，反对洗礼和圣餐。坚决反对奴隶制，在美国南北战争前后的废奴运动中起过重要作用。

② 史蒂芬·格莱里特（1773～1855），一译斯蒂芬·格雷列特，美国贵格会神学家。

> Just slow down. In the
> pursuit of even the highest,
> the loftiest goals, we
> sometimes rush so much.
>
> **ED BEGLEY JR**

> 放慢一点。
> 在追求最远大、
> 最崇高的目标时，
> 我们有时太仓促了。
>
> 艾德·贝格利

艾德·贝格利

放慢一点。在追求最远大、最崇高的目标时，我们有时太仓促了。有一个关于我的朋友的真实故事：他制定了一个到印度尼西亚的宁静寺（Temple of Tranguillity）会见一位古鲁①的周密的旅行计划。但是中间出了问题，他断了与外界的联系，误了期限，最后不得不通过其他复杂的计划到达那儿。最终，他到达了印度尼西亚，并租了辆车对司机说：

---

① 古鲁，印度教的导师。

"到宁静寺，开上去！"司机笑了，我朋友也笑了。那就是我们通常所做的，即使是面对最崇高的目标。我们说："我想要宁静，现在就想，该死的！"

~ 8 ~

Do you
believe our
survival on
planet Earth
is being
threatened ?

第八问:

你相信我们在这个地球
上的生存正受到威胁吗?

大卫·弗罗斯特

对于我们的生存正受到来自环境和全球变暖以及其他方面的威胁这一问题，有两种完全不同的反应。第一种来自于应该知道其危害的人们的令人心寒的警告，很值得一听。但是，我们也不得不把第一种反应与第二种权衡一下。回到20世纪70年代初，美国伟大的年轻权威之一——保罗·埃尔利希（Paul Ehrlich）[①] 博士，曾就关于地球将会发生什么作出了毁灭的预言。事实上，他的世界末日和毁灭的警告现在没有发生。我想，在某种意义上，作为一个人物群，即使濒临灭亡的边缘，最终我们还是能够居于主导地位。例如，在50年代早期，伦敦这儿的空气充满了烟雾，人们因此患上了支气管炎等疾病相继死去，随后伦敦通过一项《净化空气法案》解决了这个问题。现在的伦敦没有烟雾了。所以我认为，人类往往是在最后关头才能够理解常识。这使两件事情达到平衡。

戈尔·维达尔

当然，我们在这个星球上的生存正受到威胁。如果人类

---

① 保罗·埃尔利希（1854～1915），德国免疫学家、血液学家，亦是化学疗法的奠基人之一。因对免疫学的贡献，于1908年与梅契尼科夫共获诺贝尔生理学暨医学奖。

一个世纪后仍在这儿，我会感到非常惊奇。我认为我们本质上是在自杀，而且对于衡量因果关系的无能也使我们难堪。如果你污染了河流，河水就会毒死你。无论你想去第三世界的哪个地方，你会发现那里的人们都知道这个道理。他们从不污染饮水资源。而我们污染水源，是因为我们能够从中牟利。所以我们正在破坏这个星球，并且也知道我们正在这么做。但是当统治者和管理者赚钱之时，他们并不想采取措施治理污染。这是我自己和其他人抵制污染的例子。我们会赢吗？我认为不会。现在地球上有太多的人。除非我们能够把

If you poison
the river,
the river will poison you.
GORE VIDAL

如果你污染了河流，
河水就会毒死你。
戈尔·维达尔

已经造成的危害带往另一个星球，否则我们就会用尽这个星球上的一切资源，大量的人将会死亡。

达第·强奇

我相信我们会摆脱动乱和衰竭的现状，因为主是永恒的，主的精神是永恒的，文明不会就这么结束和终止。今天所发生的事情正给我们带来很多教训，全人类也将会吸取这些教训。世界环境带来的痛苦正使我们意识到价值和精神的纬度。所以，今天一群数量不断增长的少数人正在获得新的意识。我想一定会有一个黄金时代在前面等着我们。

安吉丽卡·休斯顿

我觉得我们正在从怎样把所有令人吃惊的自然利益当作理所当然这一角度来看待这个特别偏激的时代。污染海洋，遮暗天空。使我吃惊的是人们对于自己对环境的所作所为似乎如此健忘。小事情确实会改善环境。我觉得如果能够给人们逐渐灌输这些思想，情况就会改变。试着让一个地方比你刚发现它时漂亮点儿吧！种棵树，做点事情，拣起垃圾，这些都会使环境面貌一新。

扎克·戈德史密斯

我不相信几十年后我们还能在地球上生存，除非我们已经戏剧性地转移，不再走目前的路。我不相信技术之主能够拯救人类。恰恰相反，我相信对技术变革的信赖会逐渐加速这种不必要的毁灭。我们无需费太多力气就能扭转这种令人沮丧的局势，但是，要做到这些，我们只有依靠政治领袖的决心，而政治领袖的决心却在不断腐败。

罗伯特·费斯克

　　显然，核武器在任何人手中都是一种威胁，但我非常反对那种关于在地球上生存是一个大问题的想法。对于担心环境和《京都议定书》问题的人来说，这是一个极好的呼吁，他们应该很关心这些。但是地球仍将继续存在。我肯定核废料和残留物会变得比以往任何时候都多，危险的核电站最终也会被关闭。但是看看上一代人的经历，看看整个社会是如何被黑死病摧毁的。2001年的"9·11"事件——这一违背人性的国际犯罪，并没有用它的那种方式改变这个世界。但是这一事件的惊人性质使其成为一个转折点，那些残酷无情的男男女女们说服轻信的人们过着恐惧的生活。《公正的人》（*A Man for Seasons*）① 里有这么一个可爱的句子："秘书老师，那些都是唬小孩儿的故事。"

---

　　① 《公正的人》，一译《日月精忠》，第39届奥斯卡（1966年）最佳影片。由英国影星保罗·斯科菲尔德主演，奥地利著名导演弗雷德·齐纳曼执导。

　　美国画家霍默的《蓝色小船》描绘一个未被污染的充满原始生态魅力的河湾
风光。欣赏着那清新的空气、湛蓝的天空、清澈的河水、芬芳的绿野……我们的
内心会升腾起一个美好的愿望：爱护地球，让地球远离人类的任何破坏行径吧。

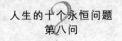

查尔斯·勒·盖·伊顿

是的，我们的生存当然正在受到威胁，我们想要的总是"越来越多"（正如《古兰经》警告我们的那样）。而且，如果允许我们要的"越来越多"（这是科学技术所能够提供的），而忽略了所有自然的极限，那么我们就正走在毁灭的道路上。伊斯兰教的观点暗示，主给了我们足够的绳子让我们吊死自己。《古兰经》经常谈到某代人、某些民族或部落，或者因为失去了宗教神圣感而被毁灭，或者因为过于冒险、超出了预设的限制而招致灭顶之灾。事实上，当主说"足够了就够了"时，道理才呈现。我们现在可能也正在靠近毁灭的边缘。但是，提到环境，我们孤立了一种病症：衰退的宗教信仰、宗教神圣感和自然界固有的象征意识——所有这些都休戚相关。

保罗·科埃略

不，我不相信我们的生存受到了威胁。我相信我们无法毁掉主所创造的一切，我们没有这种力量。只有主能够重新塑造这整个星球，并给我们力量毁掉人类自身。主能够利用我们并重塑整个局面。

迈克尔·雷德福

我想，只要我们还能够说人类在地球上的生活受到了威胁，那么我们就是安全的。迄今为止，在人类历史上，我们已具备了理解威胁的能力。好和坏以某种方式取得平衡。我们是受到了极大的威胁，然而，也许这种威胁也正是我们能够复制自然，最终通往未来的方法。我很确定地认为，不久以后我们就能控制生死，这只是时间的问题。虽然因为没有哲学手段去处理它，这可能令人害怕。但是哲学和道德也正在迎头赶上，并且相当奇怪，因为它们如同有关克隆的辩论，正以日新月异的水平赶上来。在这种特殊时期，威胁来自于某种我们自己也可能不知道的事情。有可能这些威胁失去平衡后，就会把我们推入大灾难，又或许人类这一物种无论如何就是注定要灭绝的。

彼得·乌斯蒂诺夫

我认为，人们认为我们的生存受到了威胁是有益处的，因为在各种恐怖的可能性面前这唤醒了我们。在行星系之中，没有什么是永恒的。

阿尔弗雷德·格瓦拉

我相信政治家和决策者急需考虑的是人类在地球上的生

活出了什么问题，并将其内化为自身的问题，在一个人平静的情况下扪心自问。如果他们不这样做的话，我们将会沿着自我毁灭的歧途继续生活在慌乱和疯狂之中，人类及其积累的财富和精神体验都会消亡。这一切都是由于我们颠倒了价值的标准，制造了噪音，制订了陈腐的规则。我所谓的噪音，是指灵魂的噪音。

迈克尔·菲茨帕特里克

是的，我们的生存目前还没有受到威胁，但危机已经四伏。我们必须在为时已晚之前让世界恢复平衡。我们都必须为之共同努力。

朱尔斯·霍兰德

我想我们的生存总是存在危险。现在地球上有比以往更多的人，人们拥有强大的武器，一想到这些事实就令人恐惧。但是我认为，我们未必现在就会大难临头。

西耶德·侯赛因·纳撒

由技术创造的力量与人类不断疯长的、摆脱了精神控制的激情相结合，使我们的生存面临直接威胁。这种结合是现代文明的发明，它创造了一种以能量而不是以智慧为基础的

We are destroying the
rule of life globally because
we have lost the sacred
view of nature, which was
rooted in religion.
SEYYED HOSSEIN NASR

我们正全球性地破坏生命法则，
因为我们已经失去了
植根于宗教的神圣的自然观。
西耶德·侯赛因·纳撒

科学。所以人类获得了更大毁灭的可能性。但是在控制人类的激情方面，他们所做的甚至还不如老头儿老太太的水平。贪婪曾经是一种罪行，现在却被认为是一种美德。现代人毫无节制地利用他们的力量为所欲为。现代生活以傲慢自大为根基，这也造成了整个地球上的生命第一次受到威胁。不幸的是，很少有人想要面对导致目前危机的深层原因。在 20 世纪 60 年代，当我提到生态危机时，英国神学家没有人愿意听。那个时候，许多西方的神学家和历史学家认为，是基督教教义创造了现代科学技术并且引以为豪。40年后，不再有人这样说了，因为现代技术的应用造成的危机已经变得如此巨大。但是，几乎没有人想谈论现代科学技术的责任，因为人人都以为，解决问题的办法会来自于首先造成问题的那些现代科学技术因素的应用。我们正全球性地破坏生命法则，因为我们已经失去了植根于宗教的神圣的自然观。只要人类的这种意识还没有觉醒，巨大的危险就依然存在。

索菲娅·罗兰

当今世界的极大威胁是穷人和富人以及营养充足和因饥饿而亡的人们之间的悬殊差距。只要这种状况继续存在，地球上就总是会存在冲突、战争和其他危及人类生存的危险。

乌娜·M. 科罗尔

是的，我相信我们正在过度地开发自然资源、污染环境和漫不经心地破坏地球，这些比核武器所能带来的破坏更厉害。在我的祈祷和生活中，对环境的关心是我关注的焦点中，仅次于追求和平的问题。甚至在我这个年龄，我依然寻求一种途径，让与我接触的人们了解关注环境问题的重要性，并且积极地寻找志同道合的盟友。

杰克·尼科尔森

我觉得我们的生存不会立即受到威胁。但是,现代生活
支离破碎的性质,以及有关干细胞研究等的谈论,使人类对
真实问题的信息了解不够。如果生存是科学的目标,那么在
这个计划中,我们的目光也太短浅了。

大卫·林奇

许多真正有害人类和地球的、疯狂的事情正在发生。因
此,人类更应该理所当然地设法与自然、自然法则协调一
致,与自然和谐相处,而不是违反自然规律。

阿莫斯·吉泰

是的,我认为人们不会采取措施保护地球,只会破坏它,
最终,地球上将什么也不会留下。我想那才是真正的危险,
因为很不幸,人类并不够聪明,只有挨了当头一棒后才会接
受教训。不到那时,人类就不会停止破坏。这种学习的方式
很不好。

法拉赫·巴列维

我想我们还不至于被威胁到灭绝的地步,但是,我们一

直在制造大量的问题。我总是喜欢积极地考虑问题，希望世界上还有足够理智的人们会看到我们对地球、环境和人类生存所造成的一切破坏。我们彼此之间紧密相连，一个地区的问题会影响世界的其他地方，我们无法孤立地生存。

哈利·戴恩·斯坦通

太阳正燃烧殆尽，最终也将会消失。拯救世界——为什么，你知道吗？并不是说你在地球上时没有努力保持空气清新，没有打扫房子和这个星球，没有做你能做的事情，可是世界注定也还是要毁灭的。因此，有些人会去做，有些人不会去做。既然这样，那么就待着什么也别做，看看会发生什么。

吉利·库珀

我认为，地球上的生命正因为一路横行的商业主义而受到令人吃惊的威胁。热带雨林锐减，北极圈冰盖融化，全球气候变暖，没有一个大国看起来重视这些问题。而且，无赖国家和超级大国全副武装，离引爆一颗核炸弹还会有多远呢？所以，我为我们可爱的地球感到担忧。我想让大家都登上月球，那样他们回头看看地球，才会意识到她有多么美丽，我们应该在生命的每一刻珍惜她、关怀她。

　　这是英国画家布朗的作品《可爱的羔羊》。作家为人们描绘出一幅和谐的大自然美景——草地绿色如茵，羔羊尽情地在草地上撒欢，母亲怀抱婴儿悠闲地逗弄着羊儿……人只有和大自然和谐相处，人类生存的地球才会更加美丽。

鲍勃·吉尔道夫

　　毫无疑问，地球会生存下去。我认为人类会代代相传，然后作为一个物种灭绝。这可能会有些周折和变化，就像过去经常会有的那样。不论是另一个冰河时代还是其他什么时代，进化都会继续，只是会向旁边横跨一步、滑出轨道，然后再找到另外一条道儿罢了。进化也会找到一种方法，把智力灌输进任何未来才会有的生物之中。人们借土地和宗教之

> With people killing
> each other in the name
> of land and religion,
> the planet probably has a
> better chance without us.
> BOB GELDOF

> 人们借土地和宗教之名
> 　互相残杀，没有人类，
> 地球可能会有更好的发展机会。
> 　　　鲍勃·吉尔道夫

名互相残杀，没有人类，地球可能会有更好的发展机会。我们必须采取重要的步骤改变这些状况。

理查德·道金

就一种值得拥有的生存而言，我们当然受到了威胁——从长远来看，这些威胁来自于人口过多，来自于生活环境的破坏。看到原始地带如热带雨林，野生生物如大象和河马，这些都是经历千百年的进化才形成的生态样式和物种，却被如此轻率地破坏，的确让我感到愤激。类似于热带雨林的生态系统也正日益被商业利益所破坏。这些情况在短期内不会威胁到我们的生存，但是长期累积下去必将威胁到我们的生存。我并没有发现来自基因实验对人类的威胁。我想这可能是媒体在玩"狼来了"的把戏，我更担心的是抗生素的过量使用。

阿宾娜·迪·鲍斯罗维瑞

我们当然做过很多威胁着地球生存的事情。我们应该对我们享有居住特权的地球——这一奇迹投入更多的关爱和尊重。我们都希望自然界足够广阔和强大，能够与人类及其贪婪相抗衡——谁知道呢？

罗伯特·格雷厄姆

是的，我们受到了威胁。我认为，一方面，从政治角度来看，这种有关地球的观点是正确的，是好的。因为最大的污染国是美国和欧洲国家。另一方面，工业化程度相对较低的第三世界国家还没有太多的机会污染什么，所以他们正被剥夺污染的机会。这在某种程度上也是一种极端的种族主义，一种落后的剥削形式。

艾德·贝格利

我认为我们会生存下去，但是我们会像存活在碉堡里的人，过着人不像人的生活。最糟糕的情况就会像《银翼杀手》（Brade Runner）① 中预言的那样，一种世界末日式的《疯狂麦克斯》（Mad Max）② 的图景，仿佛是在派对上纵容孩子吃完所有的食物。但是，如果我们继续一条道儿走到黑，接下来的日子里还会有什么是完好无损的呢？如果全球变暖造成海平面急剧上升，这对于部分人的生活来说真是个

---

① 《银翼杀手》，美国好莱坞经典黑色科幻影片。在香港地区又被译作《刀锋战士》、《公元2020》。拍摄于1982年，主角迪卡德（Deckard）由著名好莱坞影星哈里森·福特（Harrison Ford）扮演，莱得利·斯考特执导。

② 《疯狂麦克斯》，以未来为背景的科幻题材的小成本科幻影片。由安德烈·塔克夫斯基导演。拍摄于1979年。

大难题——例如:孟加拉国会被海水淹没,比较富裕的国家
会寻找更高的地方,他们会做得很好。但是当看到有那么多
人在你的周围死去,人们就会形成当今常见的"我跳上了救
生艇,快收回梯子"(I'm aboard the lifeboat pull up the ladder)
一样的心态,那是一种怎样的生活呢?

史蒂夫·范

我认为地球就像一个大型洗衣机,在这样的大前提下,
它才能在我们的暴虐下生存。我们虐待这个星球,只会导致
自己的灭亡。直到地球清理自身,而我们为了更高的进化轮
回转世。在这个剧情中,如果谈到的是灵魂,那么我们的生
存并未受到威胁;但是,如果涉及的是肉体,那么,是的,
我们正在作孽,正在脱离地球这个大洗衣机。

曼戈苏图·布特莱齐

即使在环境保护成为时尚之前,我一直都相信保护。应
该尊重地球,这是主的圣意。我们在发展的同时,必须要有
进步,但是以什么为代价啊?

博 诺

相对于 25 年前来说,世界末日的情景可能算是较小的

It is God's plan that we
should respect the Earth.
MANGOSUTHU BUTHELEZI

应该尊重地球，
这是主的圣意。
曼戈苏图·布特莱齐

威胁。但是我们仍然生活在一个把双方断言的毁灭看作问题
解决办法的世界，我认为这是荒唐的。

西蒙·佩雷斯

我认为如果天堂里有一个主（Lord），那么，他的主要
任务就是平衡对立双方的力量——危险与希望，生与死。因
为，如果不是这样，我们很久之前就消失了。而且你知道，

你相信我们在这个地球
上的生存正受到威胁吗?

根据犹太人的传统，主开始七日创造世界①时，对自己的所作所为并不满意，他仔细看过之后并不喜欢，于是就引发了一场洪水。他不断地努力改善，然而世界却像一个充满矛盾力量的故事在发展着。在人类的编年史中，如果有毁灭的危险，也必定有维系的力量——一个救火小分队。

纳尔逊·曼德拉

科学家们不断给我们制造恐慌。他们最近谈到一颗重型小行星，认为它会与地球的某个地区碰撞，并且说会像早前的小行星毁灭恐龙一样毁灭大量的人。但是，现在另一些科学家又说那颗小行星会避开地球，由此人们松了一口气。

---

① 七日创造世界，源于《圣经》故事，相传上帝用七天时间创造了整个世界。

— 185 —

~9~

Who do you
most admire
in this world,
historical
or living?

第九问：

在这个世界上，

你最崇拜的历史人物

或现实人物是谁？

哈利·戴恩·斯坦通

甘地。世界上没有哪一个人像他那样做过。他没有使用丝毫武力就打败了一个国家。当然，基督和释迦牟尼也是伟大的人。但是，甘地把基督和释迦牟尼的教义付诸实践，在历史上我还从未见过这样的事情，所以他应该是影响力最大的人。爱因斯坦说过，甘地把他的一生都献给了事业，并且最后又因事业而牺牲，就像基督一样。

博　诺

我最敬佩的人是耶稣基督。

鲍勃·吉尔道夫

我敬佩许多无名的人，因为他们的事迹/生活方式令我钦佩。很久以前，我就喜欢塞缪尔·佩皮斯（Samuel Pepys）[1]，他是一个杰出的人，白手起家，取得了很多成就。这一点使他令人异常敬佩。他对生活和他人充满了热情，乐于接受一切新思想，非常好学，能及时发现错误，和妻子关系融洽。他是我喜欢并崇拜的一个历史人物。

---

[1] 塞缪尔·佩皮斯（1633～1703），17世纪英国作家和政治家，以散文和流传后世的日记而闻名。

All those who are deeply
concerned about poverty，who
want to help to get humanity
out of poverty．Those are my
heroes，whoever they are．
NELSON MANDELA

我敬佩所有那些
深切关注贫困、希望帮助人类
摆脱贫困的人，无论他们是何身份。
纳尔逊·曼德拉

　　在现代，纳尔逊·曼德拉是一个让人敬畏的人。他超凡的智力、正直和捍卫正义的勇气使你对他肃然起敬。我们有多少人准备好为自己的信仰而被终身监禁了呢？另外，他还是一个令人惊奇的人。年轻时他是一位优秀的拳击手，喜欢漂亮女孩，爱上过他所遇到的任何一位漂亮女孩；他魅力十足，能说会道，穿价廉的衬衫但却很得体。我打心底里不同意他的一些观点，但只能做徒然的反对。他很有尊严，从不要求受到应有的待遇。他是一个爱德华式的绅士，一个友善的伟人。

　　纳尔逊·曼德拉，南非总统，著名的黑人解放运动领导人。
1993 年荣获诺贝尔和平奖。他以超凡的智力和捍卫正义的勇气
赢得了人们的崇拜。

纳尔逊·曼德拉

我不崇拜任何人。但我敬佩所有那些深切关注贫困、希望帮助人类摆脱贫困的人，无论他们是何身份。

吉安弗朗科·菲利

我崇拜那些通过绘画或写作的方式来帮助别人的人。例如，印刷工人约翰内斯·古滕贝格（Johannes Gutenberg）① 这样的发明家。当然还有研制药品的人。我崇拜的主要是促进人类发展的人。

艾德·贝格利

亨利·大卫·梭罗（Henry David Thoreau）② 是一位教会我们许多的伟人。我还崇拜雷切尔·卡森（Rachel Carson）③，她在《寂静的春天》（*Silent Spring*）一书中告诉了

---

① 约翰内斯·古滕贝格（1400～1468），一译约翰·古登堡，德国发明家。在吸收中国活字技术的基础上，首创铅、锡、锑三元合金活字。

② 亨利·大卫·梭罗（1817～1862），美国作家，超验主义运动代表人物，主张回归自然，崇尚简单纯朴的生活，追求理性空灵的精神境界。著有《瓦尔登湖》等。

③ 雷切尔·卡森（Rachel Carson，1907～1964），一译蕾切尔·卡逊，美国海洋生物学家，著有《寂静的春天》等。

我们杀虫剂的危害——已经发生的，或者她感觉将会发生的。尽管有人试图否定她的理论，嘲笑她的书，但是，有许多人已经看到了问题，诸如死亡的鸟儿，薄壳畸形、不能孵化的蛋，他们认为她是对的。因此他们禁止使用滴滴涕。我认为，让人们面对不可否认的真实环境状况是有益的。

法拉赫·巴列维

我在游历伊朗和世界各地的时候，遇到了一些给我鼓舞的普通人，他们拥有尊严和伟大的爱。

我崇拜的历史人物有居鲁士大帝①。他在巴比伦颁布的法令，即居鲁士圆柱（Cyrus's Cylinder）②（大英博物馆），是最早的人权宣言："我要求所有人都有不受损害地崇拜神灵的自由。我要求所有的家庭都不受破坏，财产不被劫掠。我要求所有建于古时、现在关闭了的崇拜场所重新开放。我把所有人聚集在一起，重建家园，恢复和平、宁静。"

---

① 居鲁士大帝（前590～前529，约前559～前530年在位），古代波斯帝国的缔造者。

② 居鲁士圆柱，又称古列圆柱，现存大英博物馆的高圆柱碑铭，为居鲁士时代所留文物。所刻碑文不仅是波斯阿契美尼王朝建立的宣言，也是人类历史上第一部人权宣言。公元前539年，波斯帝国的缔造者居鲁士大帝征服古巴比伦后，下令用黏土烧制"古列圆柱"，并在上面刻写文章，记录居鲁士大帝贤德治国、善待臣民的决心。

我还崇拜伟大的作曲家、作家——尤其是伊朗的著名诗人，如费多斯、如米、奥玛·卡雅姆、哈非、沙蒂，以及科学家阿维森纳。我敬佩现代伊朗的建立者、伟大的雷扎·沙（Reza Shah，1878～1944）[①] 和我已故的丈夫穆罕默德·雷扎·沙·巴列维[②]，他继承了父亲的现代化事业，尤其是建立了国民的正义、教育准则，致力于妇女解放，保卫了伊朗的领土完整。亚伯拉罕·林肯、甘地、查尔斯·戴高乐将军也是我最喜欢的政治家。

索菲娅·罗兰

我认为最杰出的人是甘地。

扎克·戈德史密斯

早期的问题是我并不怎么崇拜谁。我这里列出了很多人以及原因。我敬佩的人除了我的家庭成员之外，还包括甘地。

---

①　雷扎·沙礼萨汗·巴列维，今通译伊朗最后一个伊斯兰封建王朝巴列维王朝的建立者。原为伊朗军人，1925年，在英国的支持下，发动军事政变，推翻卡扎尔王朝，建立巴列维王朝（1925～1979）。

②　穆罕默德·雷扎·沙·巴列维（Mohammad Reza Shah Pahlavi，1919～1980），伊朗国王，沙礼萨汗长子。1941年继承王位，1951年摩萨台出任首相后，他被软禁在王宫。到1953年8月在美国政府的支持下夺回权力。1965年后进行了自认为是改革维新的白色革命，引起下层人民不满，爆发了反对王室的抗议行动。1979年被伊斯兰革命推翻，逃亡美国，1980年病逝埃及。

I admire above all
those people who have
demonstrated a willingness
to rethink basic assumptions.
ZAC GOLDSMITH

我最崇拜那些愿意重新
思考基本假设的人。
扎克·戈德史密斯

他给与我们一种世界观，如果我们仔细观察就能做好。他了
解规模问题，了解自然界的重要、文化认同及需求的重要。
如今，我最崇拜那些愿意重新思考基本假设的人。承认与他
们工作有关的问题的核物理学家，告发有问题的机构的世界
银行领导层，为错误决定承担责任的政治家，这些人物都是
极其关键的。奥斯卡·王尔德（Oscar Wilde）① 曾经写道：

---

① 奥斯卡·王尔德（1854～1900），英国作家、诗人、戏剧家、艺术
家，唯美主义艺术运动的倡导者。著有《道林·格雷的画像》、《造谣学校》
等。

"聪明的人是同意你的人。"如果这样的话，查尔斯王子在我的名单上将显得大为重要。他在处理基因工程、现代建筑和工业化的农业等过时事件时，表现出了比其他权威人士更大的勇气。

理查德·道金

我崇拜查尔斯·达尔文，不仅因为他的智力贡献，还因为他是非常正派、善良、仁慈的人类典范。

弗雷·贝托

阿西西（Assici）① 法兰西斯（Francis）②，穷人的朋友，自然的兄弟，耶稣的信徒。

迈克尔·雷德福

纳尔逊·曼德拉在困难面前表现出的刚毅是人类极好的榜样。他用优美的语言描绘一切令人惊奇的事物，我们很幸运地和他生活在一个时代。但他也是人，也有缺点，这毫无疑问：在他的政治体系中，他一定是一个残酷无情的人。我

①　阿西西，意大利中部城市。
②　法兰西斯（1181～1226），一译圣方济，基督教圣徒，圣法兰西斯会的创始人。生于意大利阿西西城。

崇拜威廉·莎士比亚，我认为不管他为人如何，能在诗歌和
戏剧中对世界有那么深刻的认识，这绝对是独一无二的。所
以，在创造力方面，就广度和理解力而言，他可能是我最崇
拜的人了。在某种程度上，我不崇拜任何人，但我欣赏别人
的好品质，如身体上的勇猛和捍卫正义的勇气，而这些都是
我所欠缺的。我想，实际上我最崇拜的是那些实践自己信仰
的人。对于我来说，谦虚的、努力生活的普通人比政治家、
领袖、将军等更英勇，也更令人敬佩。

阿尔弗雷德·格瓦拉

我不想列举任何人的名字。我崇拜为他人的幸福而奉献
生命的人。也就是说，我最欣赏诚实正直。当然，我所说的
奉献生命的人不仅指解放斗争中的英雄，还包括许多设法深
入人类灵魂、向同时代的人灌输宝贵思想的作家，以及那些
在巨大的奥秘面前显得渺小的伟大的科学家们。他们是我的
奥林匹亚①之神。

罗伯特·格雷厄姆

我崇拜我所了解的事物。我能看到 2000 年前制造出来

---

① 奥林匹亚，古希腊宗教祭祀和体育竞技活动的中心。位于希腊南部
的伯罗奔尼撒半岛西北部，建有奥林匹亚宙斯神庙。而希腊东北部的一座高
山则称作奥林匹斯，古代希腊人视为神山，为古希腊神话中诸神所居之地。

Above all,
I admire integrity.
ALFREDO GUEVARA

我最欣赏诚实正直。
阿尔弗雷德·格瓦拉

的东西并且完全理解它们，因为我也能这样做。我只喜欢那些我肯定了解的东西，例如我会画的画。所以，我崇拜的人不是莎士比亚或米开朗琪罗①。在早年或者其他时候，我敬佩我的老师，想在雕塑方面超过他。

---

① 米开朗琪罗（1475～1564），意大利文艺复兴盛期的雕塑家、画家、建筑师和诗人。雕塑作品以《大卫》、《摩西》等为代表，著名壁画有《创世纪》、《最后的审判》等，建筑设计有罗马大教堂的圆顶和加必多利广场行政建筑群等，另有辑本诗集传世。

大卫·弗罗斯特

很显然，我选择耶稣基督。除此之外，我崇拜的历史人物就是居鲁士大帝了，他是第一个使用权力来提升而不是破坏人类的生存条件的人。在当今世界，我选择纳尔逊·曼德拉。当我第一次采访他时，我问他："你是如何做到被错误地投入监狱 28 年却仍然心平气和的，是因为你信仰的宗教吗？"他说："我是想生气的，但是没有时间，因为还有工作要做。"比尔·克林顿在一次采访中告诉我，他曾在纳尔逊·曼德拉获释后与他通电话两个小时，他对曼德拉说："我知道你虽然说不生气，但是当你走出监狱时，你一定恨那些把你投入监狱的人。"纳尔逊·曼德拉回答说："我不恨他们，因为如果我恨他们，那意味着他们会仍然控制着我。"

朱尔斯·霍兰德

我崇拜的人有些是伟大的艺术家，他们影响了人类；有些是精神高尚的人。集两者于一身的人是所罗门·伯克（Solomen Burke）①，他既是传道士，又是歌手。他很有魅力，希望在音乐的道路上获得成功就必须具备这一重要因

---

① 所罗门·伯克（Solomon Burke），美国蓝调歌手。经典作品《每个人都需要有人关爱》（*Everybody Needs Somebody to Love*）。

素——甲壳虫乐队①和爱灵顿公爵乐队②就很有魅力。我想，这归因于他是无可否认的天才歌手，以及他长期以来与主的联系。他在布道和音乐方面都很优秀。

查尔斯王子也很伟大，他没有选择工作，而是接受工作，虽然这些工作并不是什么美差。我认为他是因为真的关心周围的世界才去这样做的；有很多像他那样有地位的人，但却只会贪图享乐。我不仅崇拜名人，我还崇拜那些幽默的人。

伊拉娜·古尔

嗯，我崇拜有创意的人，他们有勇气改变。我崇拜那些敢当先锋的艺术家。我最崇拜的艺术家是毕加索③，这不仅因为他是一位伟大的艺术家，还因为他享受生活的每一天，他十分自我，做自己想做的事情。我敬佩那些不随大流的人，

---

① 甲克虫乐队，又称披头士乐队，英国摇滚乐队。其发起人为英国的四个青年歌手约翰·列侬（John Lennon，1940～1980）、保罗·麦卡特尼（Paul McCartney，1942～ ）、乔治·哈里森（George Harrison，1943～ ）、林戈·斯塔尔（Ringo Starr，1940～ ），成立于 1960 年，约 1970 年解散。该乐队曾一度受到歌迷的狂热追捧，20 世纪 60 年代引领了被美国称为"英国入侵（British Invasion）"的音乐文化入侵浪潮，从根本上冲击了美国音乐的基础。

② 爱灵顿公爵乐队，20 年代中期最为著名的黑人大型爵士乐队。

③ 毕加索（1881～1973），西班牙画家，现代画派主要代表。代表作品有《人生》、《斯坦因画像》、《欧嘉的肖像》、《格尔尼卡》、《大自然的故事》、《卡门》等。

特雷莎修女（1910-1997）是人们敬重的天主教慈善工作者，她尊重人的个性，一生关怀处境最悲惨的人。"她个人成功地弥合了富国与穷国之间的鸿沟。"1979年荣获诺贝尔和平奖。

因为要做到这一点很难。我崇拜发明了电话的贝尔①和其他被人嘲笑过的发明家，如发明飞机的莱特兄弟②。因为是他们推进了世界的进步。

查尔斯·勒·盖·伊顿

预言家穆罕默德。除了他之外，这星期是这个人，下星期又是另一个人了——这要看当时是谁引起了我的注意。

达第·强奇

我崇拜的历史人物是甘地，因为他具有克己和为他人服务的精神。我还十分尊崇耶稣基督。在我见过的人里，我非常喜欢纳尔逊·曼德拉和特雷莎修女（Teresa）③。

阿宾娜·迪·鲍斯罗维瑞

我崇拜那些我能够目睹其成就的人，历史人物的传奇故

---

① 贝尔（1847～1922），电话的发明者。生于英国，后移居加拿大，又移居美国。1876 年发明电话。

② 莱特兄弟（兄 1867～1912，弟 1871～1948），美国飞机发明家。1903年设计、制造出世界首架飞机。

③ 特雷莎修女（1910～1997），印度慈善家，印度天主教仁爱传教会创始人，在世界范围内建立了一个庞大的慈善机构网，赢得了国际社会的广泛尊敬。1979 年被授予诺贝尔和平奖。教皇约翰·保罗二世在 2003 年 10 月将她列入天主教宣福名单。

I admire innovative
people who have the guts
to change things.
ILANA GOOR

我崇拜有创意的人，
他们有勇气改变。
伊拉娜·古尔

事你无从考证。我最崇拜的人是纳尔逊·曼德拉。我崇拜那
些在人们成为政治、经济利益的受害者时，往往能直接改变
人们生活的人。例如，贝纳德·库施纳（Bernard Kouchner）[①]
和第一批"无国界医生组织"（Médecins Sans Frontières）中的
法国医生。在其他领域里，我崇拜20世纪40年代已经去世的

---

① 贝纳德·库施纳（Bernard Kouchner，1939~　），法国医生、政治家。
无国界医生组织和世界医生组织的创始人之一，曾任法国卫生部长，欧盟议
会议员，联合国高级官员。2007年5月被任命为法国外交部长。

I admire people who go
out of their way to try and
do something they think is
right and know they are
going to suffer for it.

ROBERT FISK

我崇拜那些努力去做
自己认为正确的事情
并甘愿为之付出代价的人。

罗伯特·费斯克

罗马尼亚画家迪努·利帕蒂（Maria Callas）①。历史证明他是一位真正杰出的艺术家。就像我非常崇拜的另一个人——玛丽亚·卡拉斯②一样，他是一个音色优美的人。如果你崇拜某些人，那么你理所当然也会崇拜他们的成就。

---

① 迪努·利帕蒂（1917～1950），罗马尼亚钢琴家、作曲家。20 世纪最有才华的钢琴家之一，对莫扎特、肖邦和舒曼具有特殊的鉴赏力。
② 玛丽亚·卡拉斯（Maria Callas，1923～1977），美籍希腊女高音歌唱家。曾演出《歌女》、《梦游女》等上百部歌剧。

　　史蒂芬·霍金是英国理论物理学家，当代最重要的广义相对论家和宇宙论家。霍金虽患致命的疾病，但凭着顽强的意志和绝顶的聪明，在科学领域作出了伟大的成就，从而赢得人们的敬佩。

安吉丽卡·休斯顿

我最崇拜的人有史蒂芬·霍金①和克里斯托夫·里夫②，他们患了致命的疾病，后来致残了，但是仍然坚持着。他们有着超凡的能力和勇气。那些在斗争中生存下来的人，他们变得十分美丽。

罗伯特·费斯克

我们必须崇拜别人吗？现在这儿没有多少伟人。我非常喜欢伊朗总统穆罕默德·卡塔米③。我认为他是一个好人。在为人或道德方面，他是现代世界值得信任的为数不多的领袖之一。他很有思想，勤奋、博学，而其他很多领导则才疏学浅。在欧洲我们崇拜过谁？战争常使一些强大的人物凸显，不管他们是好人还是坏人。斯大林、希特勒、罗斯福、丘吉尔、铁托、戴高乐，人们或者爱他们或者恨他们，但是他们都很特别。

---

① 史蒂芬·霍金（1942~ ），英国理论物理学家，当代最重要的广义相对论家和宇宙论家。著有《时间简史》、《时间简史续编》、《霍金讲演录》等。

② 克里斯托夫·里夫（1952~2004），美国著名电影演员。曾出演《核子潜艇遇险记》、《超人》（1~4）等。后因一场骑马意外导致瘫痪。

③ 穆罕默德·卡塔米（1943~ ），伊朗前总统。历任伊朗议会外事委员会成员、伊朗文化和伊斯兰指导部长等职。1997~2005 年任伊朗总统。著有《政治分析》、《神权统治观念一瞥》等。

自第二次世界大战以来，大家常常说起我们最尊敬的南非犯人，不是吗？纳尔逊·曼德拉，他成了我们最喜爱的领袖，一个偶像式的人物。当他谈论美国在伊拉克实行的残酷政策时，我们忽视他；当他谈论哲学时，我们认真倾听。这两方面是相连的，但是我们不让自己这么想。我崇拜那些努力去做自己认为正确的事情并甘愿为之付出代价的人，尤其是在责难中工作的医生。我知道有一位挪威医生在贝鲁特被子弹射穿颈部，差点死了；他还在一次枪战中被射中肝部。但是在恢复后，他又继续作为一名医生投入工作，真的非常勇敢。

西蒙·佩雷斯

摩西和本·古里安（Ben-Gurion）①。一方面是由于我对他的想象，另一方面是由于我认识他的方式。我是一个以色列人。本·古里安是一个记忆力非凡的天才，忠于事业的强人，非常勇敢，且还敢于冒险——要想达到一个新的高度，这比勇敢重要得多。我曾是他的副手，与他一起工作了18年。每天都像假日一样，非常特别，有意思，充满挑战。

---

① 本·古里安（1886～1973），世界犹太复国主义运动的重要领导人，以色列国的主要缔造者，第一任总理。出生于波兰。

保罗·科埃略

我最崇拜纳尔逊·曼德拉，一个我没有机会相见的人。他经受过严酷生活的洗礼，但却从不把自己看成受害者。他很有想法，无论别人怎么看，他坚持做自己认为正确的事情。你可以从许多方面理解他。

大卫·林奇

我崇拜努力奋斗的人。我崇拜、尊敬玛哈瑞诗·玛哈士大师（Maharishi Mahesh）①，因为他创立了美妙的超验沉思学说。这对于许多人来说是莫大的帮助，它使得人们能够更加了解自己、充实地生活。

西耶德·侯赛因·纳撒

在历史人物当中，我崇拜伟大的信使和预言家。伊斯兰的预言者、基督、摩西、亚伯拉罕②，其他宗教的创立者，

---

① 玛哈瑞诗·玛哈士大师（约1917～约2008），印度当代高僧，瑜伽大师，超觉静坐运动的倡导者。

② 亚伯拉罕，《圣经》传说人物。亦称易卜拉辛，原名亚伯兰或阿巴朗，是犹太教、基督教和伊斯兰教的先知，是上帝从地上众生中所拣选并给与祝福的人。同时也是传说中希伯来民族和阿拉伯民族的共同祖先。

I admire people
who are dealing
with the full deck,
or striving to.
DAVID LYNCH

我崇拜努力奋斗的人。
大卫·林奇

如琐罗亚斯德①、释迦牟尼、克里希纳②、老子、孔子和古
代伟大的圣人、预言家。在现在还在世的人中，我非常崇拜
喜爱某些精神领袖，我知道他们，但是他们并不出名。西方
的名人我没有最崇拜的，但是有些人让我很敬佩。在政治
上，我非常尊敬查尔斯王子，我了解他对宗教间友谊的看

---

① 琐罗亚斯德（约公元前六世纪，一名查拉图斯特拉），伊朗先知，
琐罗亚斯德教创始人。
② 克里希纳，印度主神之一，梵文意译为"黑天"，也译为奎师那。
一般印度人相信，克里希纳是印度教三大主神之一的毗湿奴的第八个化身。

法，对传统艺术的热爱，对动物、自然的保护等，这都是值得称赞的。但是有一些伟人如恺撒大帝①等，直到今天还很难评说。

迈克尔·菲茨帕特里克

对我而言，帕弗洛·卡萨尔斯②是最棒的英雄。他在白宫的大提琴演奏生涯从罗斯福开始，至肯尼迪结束。他活了97岁，甚至直到那个时候他仍以同往常一样的充沛精力演奏。他说："音乐可能将拯救世界。"他在演奏每一个音符，参加每一项事业，组织每一次抗议的同时也在实践这一宣言。他激动地说："大提琴是我的老朋友，我终身都在为和平而工作！"

乌娜·M. 科罗尔

很显然我选择耶稣基督，但是对我影响最深的人是圣雄甘地。我还崇拜马丁·路德·金③、海达·卡麦拉和所有以和平方式争取和平的人。正因为如此，我崇拜一个叫沙

---

① 恺撒大帝（前100～前44），古罗马统帅、政治家。著有《高卢战记》、《内战记》等。

② 帕弗洛·卡萨尔斯（Pablo Casals，1876～1974），西班牙大提琴演奏家。

③ 马丁·路德·金（1929～1968），美国黑人民权运动领袖，牧师。后被种族分子刺杀。

蒂·帕特森的妇女，她是一名循道宗①信徒，她在北爱尔兰地区用和平方式争取和平，但却不为外界所知。还有《有创造力的受难》(Creatiue Suffering)的作者朱莉娅·德·伯少布，她在世时我曾见过她两次，她对我的人生产生了很深的影响。对于我而言，她是 20 世纪二三十年代苏联的反抗代表。她的丈夫被枪击而死，儿子也死于饥饿，她也曾被捕入狱而后流亡。无论她在那儿，她都将终生祈祷并且致力于建立和平。

曼戈苏图·布特莱齐

我尊敬、崇拜的人有很多，我的母亲对于我来说就很不一般，我认为我的优点都得益于她。无论在我做了什么令人骄傲的事情——比如一次成功的演讲——的时候，她总是说："我的孩子!"这时，我的孩子们就会哈哈大笑，因为他们怎么也不能理解我这么老的人还是她的孩子。母亲的爱是无条件的，没有年龄限制的。

杰克·尼科尔森

我不想——列举。你如果说甘地，那为什么不说耶稣基

---

① 循道宗，基督教新教宗派之一，亦译卫斯理宗，遵奉英国 18 世纪神学家约翰·卫斯理宗教思想的各教会团体之统称。

督？或者其他竭尽全力努力的人？在当代，我崇拜的人有很多：为我工作的埃莉诺·罗斯福、格洛丽亚。坐在我对面的约翰·休斯顿，至少目前他是我所知道的在世的最好的人。这只是就个人的现实情况而言的，不在于他的所作所为。

阿莫斯·吉泰

我对人热情，但我觉得还是持一点怀疑态度为好。我不是一个十足的崇拜者。人们崇拜甘地等人，但有趣的是他们有矛盾，他们是不完美的，这也正是他们之所以为人的地方。想要达到完美，那实在是太难了。也正是因为某些缺点的存在，他们才变得有趣。

吉利·库珀

我非常敬佩（英国）女王，她勇敢、善良，努力维持着皇室传统的延续。我敬佩温斯顿·丘吉尔，他在抗击法西斯中表现出了极大的勇气。我本人十分胆小，但是，我崇拜那些敢于为信仰受苦、牺牲的人。我崇拜贝多芬，因为他勇敢地面对困境，在失聪后写出了最伟大的音乐作品。这些艺术家如舒伯特、柴可夫斯基等，在其晚年必定能意识到他们的作品是多么的伟大、珍贵。我还崇拜爱玛·瑟简特（Emma Sergtant），她很可爱，很有艺术造诣。她让每一个人都感觉到振奋，她充满活力并努力攻克新事物。

埃玛·萨金特

我崇拜艺术家米开朗琪罗、达·芬奇。我想，如莫扎特一样，他们只要张开双臂，主就会把一切好的东西给他们。对于我而言，他们三个是影响世界的最伟大的人。

戈尔·维达尔

对于我来说，尽管人类有时候使我生气，但也使我高兴，可以说，我最敬佩那些能够让我笑得最多的人。

— 213 —

⌒10⌒

How do you
find peace
within
yourself?

第十问：

你如何获得

内心的平静？

乌娜·M. 科罗尔

平静找到我的时候，我大概才 5 岁。那时我正处在一个不幸的阶段，但是因为它找到了我，所以我也就觉察到了它。现在很长一段时间，只要一闭上眼睛，我就能找到平静，并且想象自己跳进了凉爽的水池之中，又或者是使用一个相同的意象来帮助我达到那珍贵而又沁人心脾的平静。这可不是祷告。我认为这极有可能是脑电图的帮助，一旦人们学习，就可以达到人们所质疑的平静。但是它导致祈祷，甚至有时候会达到一种创造的统一。我认为平静是进入祷告、自我排空的大门。上帝进入了那个等待的空间，而这一空间是能量的源泉，是富足的生活，是爱的源泉。

纳尔逊·曼德拉

我内心平静是在于我可以为社区服务。在我为社区服务之后，就连睡觉我都会感到心满意足，因为我的的确确是为人民做了一些事情。

查尔斯·勒·盖·伊顿

我内心的平静就是伊斯兰教所说的主的记忆[①]，特别是

---

① Remembrance of God.

— 217 —

Find inner peace?
I looked, it wasn't there.
BOB GELDOF

发现内在的平静？
我找了找，它不在那儿。
鲍勃·吉尔道夫

dhikr，也就是说，圣名①的乞灵。除了这个以外，在一个"分裂之城"（divided city）是不可能找到平静的。自己内心的矛盾，反向的冲动，令人烦恼的记忆，从未被满足的幻想，以及年老时对自己身体的不信任。法国哲学家古斯塔夫·梯蓬②说得好："年轻时，身体是我们的奴隶；年老时，

---

① 圣名，基督教圣人（多为殉教徒或虔诚的教徒）的名字。

② 古斯塔夫·梯蓬（Gustave Thibon，1903～?），法国天主教作家。曾整理出版其朋友——法国宗教思想家西蒙娜·薇依（Simone Weil，1909～1943)的《重负和神恩》。

— 218 —

我们是它的奴隶。"（In youth the body is our slave, in old age
we are its slave.）在这个层次上，平静意味着什么呢？是不
受现在和未来形势束缚的自由么？不可能。对自己和自己所
作所为的满足么？也不可能。我本性是相当乐观的，但一点
也不平静。

弗雷·贝托

不考虑那些微不足道的事情，我每天都在沉思，尝试保
持自己的幽默感，为受压迫的人而工作。

鲍勃·吉尔道夫

发现内在的平静？我找了找，它不在那儿。我唯一感受
到的成功感或者满足感就是与音乐相伴，绝大多数都是在我
演唱我的歌曲的时候。因为那时候你是在表达自己的心灵，
是一种心理的释放和体力的释放；当然，经济上也是有回报
的，而且从情感上来说也是令人满意的。因此，如果所有的
事情都在那儿，我就可以睡一个很久没有睡的安稳觉了。远
离一切无谓的事情。写一首好歌能够带给我一种满足感和成
就感，即使别人可能觉得它并不怎么样。我喜欢它，它也满
足了我的内心需求。每当我重新聆听它的时候，就好像是我
的心里给自己寄了一张卡片。

史蒂夫·范

我提到了在我们行动之前首先要问问自己，考虑一下所有行动的精神后果。当我能够跟随有益的精神选择时，它带给我的是一种形式的内心平静。有很多东西能够给充满漩涡的头脑带来短暂的快乐，但是最好的释放形式来自于沉思，有时候如果你面对着徘徊不停的思想，沉思也会是地狱。但是在那些没有思想的逃避的时刻，这也是相当平静和充实的。

埃玛·萨金特

我的平静就是把脚放在桌子上，点燃一支高卢牌香烟；在回头看我一天所做的工作时，喝一杯特浓咖啡。

阿宾娜·迪·鲍斯罗维瑞

你必须与你现在的、曾经的生活妥协，与它所给你的东西妥协，与你是谁妥协，与故事是什么妥协；也许还有接受一种你一开始并未想到的状况。与所有的一切妥协并且保存了爱的能力，这些都会帮助我找到我内心的平静。有时候，孤独的时刻也会给我带来一些内心的平静。大自然也能带给我平静，诸如，观察大海，惊讶于四季的变化，亲吻阳光，雨中沐浴，嗅泥土的气息。当然在读书或者聆听古典音乐的

英国画家穆尔在其画作《哈格布腾》中描绘了少女哈格布腾横卧在床上，专注地阅读着书籍的情景。画面色调淡雅明朗，呈现出一种安谧的气氛。的确，在日常生活中，读书会给人带来内心的平静。

时候，也会给我带来平静。有时候这种平静是如此美丽，以至于令人心碎，并把你带回令人伤心的地方。聆听巴赫（Bach）①的协奏曲也能使我放松，使我平静。和谐是生命中很重要的东西。

我认为，当你在人生旅途上渐行渐远，而不是在找到你的人生道路之前、在你的人生之路的开端或者半途时，你会感受到更多的内心平静。当不再感到忧心忡忡，你回头看，并且按照事物本来的样子去思考它们的时候，你就会找到平静。

保罗·科埃略

我没有寻找平静，我觉得生活本身就是冲突的。这不是战争层面上的，而是运动层面上的。

比如说，与佛祖相比我更加相信耶稣，我更相信人必须面对生活，不断地和自己作斗争，每一次你都在不停地改变处于不平静、处于对抗中的自己。在平和安静的时候，我控制自身内在的冲突。如果你读过《薄加梵歌》（Bhagavad Gita）② 这本书，当阿周那（Arjuna）走向克里希纳（Krishna），

---

① 巴赫（1685～1750），德国作曲家。代表作有《法国组曲》、《英国组曲》、《平均律钢琴曲集》、《赋格的艺术》、《音乐的奉献》等。

② 《薄伽梵歌》，印度圣典。原为大史诗《摩诃婆罗多》第六篇中的一首长篇颂歌，约成书于公元前 5～前 2 世纪，一直以神话的形式流传。主要内容是讲述古代印度的一场大战之前，克里希纳（Krishna）和王子阿周那（Arjuna）在战场上的对话。

I am not looking for peace.
I think life is confrontation.
Not in the sense of war but
in the sense of movement.

PAULO COELHO

我没有寻找平静，
我觉得生活本身就是冲突的。
这不是战争层面上的，
而是运动层面上的。

保罗·科埃略

说他不是去打架的，而是想要平静。克里希纳对他说："不。"在战斗中，一个武士必须要有思想的平静。在这个意义上，平静这个词有了不同的意义。你可以行动或不行动，但都不是平静。

罗伯特·费斯克

我曾经拉过小提琴，因为我非常喜欢音乐。我读许多历史书，做很多旅行。我不寻求安慰，我为什么需要安慰呢？

我读书是因为我对历史感兴趣。我有时候也游泳。我过去经常打网球。我很普通，出门乘地铁，旅行乘飞机，看报纸，品上好的香槟，听音乐。

西耶德·侯赛因·纳撒

通过皈依主，我找到了平静。其实很简单，它来源于正在远离主的掌控之手的万物。年轻时我就信仰伊斯兰教的苏非派（Sufism）禁欲神秘主义①。它的教义要求，能够生活在我们内心的神圣现实附近。伊斯兰教的先知中流传着一句话："信徒的心灵是神圣同情者的王冠。"最重要的是要摸到那颗心。在这个世界的心理水平上，我们花费了太多时间。我们在这个充满紧张与争端的世界里徜徉，因而不能达到内心的平静。只有深入圣灵所居之处，我们的内心才能找到平静。

哈利·戴恩·斯坦通

当人们有同样的恐惧——对死亡的恐惧，对一切的恐惧时，我们不会找到平静。要达到在死亡面前能面对一切虚无的东西，我认为这就是达到了一种启蒙的状态。服从于主就是平静，是极乐，是无畏。上帝是万物，如果你是和主在一

---

① 亦称"苏非主义"，指伊斯兰教中苦行主义与神秘主义相结合而形成的苏非思想。"苏非"一词的阿拉伯语词根原意为羊毛，因信奉者身穿羊毛褐衫而得名。最初源自《古兰经》的某些经文和穆罕默德的神秘体验。

We can only find peace by
penetrating into our hearts
where the divine resides.
SEYYED HOSSEIN NASR

只有深入圣灵所居之处，
我们的内心才能找到平静。
西耶德·侯赛因·纳撒

起的那一位，那你也是主。这是基督说过的话，也是佛祖说过的。万物都是联系在一起的，万物都是一体的。

索菲娅·罗兰

当我想起我的儿子和他们的未来时感到最平静。

安吉丽卡·休斯顿

我尝试着消除焦虑。我喜欢亲近水，我喜欢笑，喜欢和家人、朋友待在一起。我喜欢自己做了一些好事，每天都好一些。即使只是感谢别人提供了帮助，一点小小的恩惠。大自然、绿草、动物，还有真爱，围绕在身边的人们，这些对我来说都很重要。

西蒙·佩雷斯

尝试着控制自己不完美的性格，理解生活中的一切都不是简单、容易和随意的，这让我找到了平静。当我遇到困难时，我没有丧失信心，我觉得这是历史的一部分。我知道，生活中一切重要的东西都需要时间，没什么东西是从天上掉下来的。每当我心情不好时，我就会提醒自己必须像原谅自己那样原谅别人。当别人如此大度地原谅自己时，你也应当对别人慷慨一些。当我能够表达我的愿望而且能够实现它们时，我就拥有了能够使自己平静的最重要的东西。

博 诺

远离噪音使我找到了内心的平静。

杰克·尼科尔森

当你真正拥有内心的平静时，很可能你并没有意识到它。真正的平静不是自我意识的。当你从吵闹中抽身时，平

　　这是荷兰画家凡·高的作品《克罗莱园》，画家把这洋溢着丰收喜悦的宁静的金黄色的田野呈现在我们面前，从中我们仿佛能窥视到画家所向往的一种宁静。是的，每当我们面对那美丽的宁静的大自然时，我们那起伏不平的内心就会趋于平静。

I find inner peace
by drowning out
the noise.

BONO

远离噪音使我
找到了内心的平静。

博诺

静就会出现。我喜欢自己的工作,喜欢我所有工作的主要部分,因为它能够使人们思考生活。你通过一种微小的、增量的方式感受到自己正在做一些好事。所以我觉得有可能、同时也希望在我运动时可以达到平静。

大卫·弗罗斯特

呃,我没有寻求平静,在感情意义上我也没有得到它。人们经常问我:做什么能够使自己放松,我说我不紧张,我不需要放松。我享受我所做的，我认为它是生活的一部分。我从未觉得自己要去寻求什么内心的平静。我想，它来源于适应自己的原则。我们都不完美，不可能完成我们下定决心要做的每一件事情。泛而言之，你是按照你的原则在生活，我认为心理上的平静是这场协议的一部分。

理查德·道金

人与人之间的接触，友谊、爱情、爱、音乐，事实上还有理解，让我找到了平静。生活中最大的喜悦是被赋予理解的特权，而科学给了我这一特权。

大卫·林奇

我思考了 28 年，就是这样超然的思索让我找到了平静。

迈克尔·菲茨帕特里克

舞台，我拉大提琴的地方，是最能够让我平静的地方。当音乐在你体内运动时，它会把你带进一层层的平静之中，每一层都令人更加崇敬，也更令人着迷。时间暂停了，你漂浮在无边无际的声音的海洋上。处在大自然中时也能给我带来极大的平静。聆听大自然的声音、时间慢下来的声音、接受的声音，在平静和安宁中沉思。在树林中，在注视水面时，

Feeling one's soul, silent
and still. Knowing I can
always return to that place.
MICHAEL FITZPATRICK

感觉一个安静而平和的灵魂，
我知道自己总是能回到那种平静。

迈克尔·菲茨帕特里克

透过眼睛尽情享受阳光，感觉金色的光芒和阳光的温暖。感觉一个安静而平和的灵魂，我知道自己总是能回到那种平静。

阿尔弗雷德·格瓦拉

阅读，孤独，沉思，都带给我平静。

　　《哈萨姆太太和她的妹妹》是美国画家哈萨姆的画作。画中描绘了姐妹俩一个在弹琴、一个在倾听的情景。今天当我们欣赏这幅作品时，依然能够感受到音乐给人们内心所带来的平静。

达第·强奇

因果报应的力量是建立在事实基础之上的，它让平静与我相伴。如果你为别人做好工作，那么你自己也就会找到平静。引起忧伤的是那些你聚集外部的动荡并储存在你的内心的事物。夸大微小的事物，让它们变大，这是一种缺乏智慧的表现。

伊拉娜·古尔

我从未找到过平静，因为我觉得它根本就不存在。当你找到平静的时候，也就意味着你快要死了。我一直很忙碌，从一个项目到另一个项目。项目意味着没有平静，意味着刺激。我没有项目时就会生病，当然这不是平静。当我完成一件事情回头审视时，我需要再过一段时间才能对它百分之百的满意，因为我觉得时间是最好的裁判。所以你需要反反复复看很多次，有时候，它不是解决了而是移开了。

作为一个艺术家，你所做的一切事情就像是一次新生，是一次新的成长。这就是路。毕加索一直活到了 92 岁，在他的一生中他一直都是个孩子。我认识的所有艺术家都像是年幼的孩子，他们不曾变老，因为他们从一个项目忙到另外一个项目。因此，我觉得这就是我的平静——有项目并为之努力，使它富有生机。当项目完成时，你想要放松下来，但马上你又想找另外的事情来做。因为不做事情的时候，你就死了。我的工作就是我的兴奋。

纳尔逊·曼德拉

总的来说，我能够找到内心的平静是因为我相信生活中积极的事物超过消极的事物。通过在大自然中寻求庇护，聆听音乐，欣赏诗歌，还有沉思，我超越了人类的消极行为。我最大的欢乐来自于孩子们的微笑和孙儿们的拥抱。我坚信光明最终是会战胜黑暗的。

戈尔·维达尔

我达到内心平静的方法就是不刻意寻找平静。如果刻意寻找的话，是不会找到的。我发现自己身上具有平静。也就是说，有时候我担心自己是不是太不友好了。但我不会改变，因为我就是我。

朱尔斯·霍兰德

我一直都可以完全放松，睡得也好。我不认为我能控制一切事物。因此，当它们发生时，我仅仅是做好它们。我很高兴独自演奏，或者是对数千位买票入场的听众表演，这没有区别。因为我已经有一份我很想做的工作。重要的是表演这个过程而不是最后的唱片。

曼戈苏图·布特莱齐

我用音乐找到了平静。诸如教堂音乐，莫扎特的古典音乐，还有歌剧。音乐能让人安静。我的母亲是一位作曲家，她去世后被授予了 National Order 奖，这一奖项颁给那些在文化艺术领域作出杰出贡献的人。我心里既高兴又有些难过，因为我希望母亲能亲眼见证自己的这一荣誉。

吉利·库珀

当完成一整天的工作之后，我最能感觉到平静。尤其是当我写一本书的最后几页时，或者和我的狗在 Gloucestershire 散步时，我感到舒服。乡下的景色是如此美丽。当我听音乐，阅读，欣赏绘画，和家人、朋友在一起——这些时候我最为平静。我睡觉时喜欢抚摸着我的小猫，把它放在我身上，当它也睡着时，让它那打着呼噜的毛茸茸的黑白条的脸对着我，这也是一种平静。

扎克·戈德史密斯

事实上，我没有达到内心平静的方法。我的工作需要和围绕着我们的恐惧打交道，不过这也没有什么坏处。我的工作包括在日常基础上谈论我们所面临灭绝的现实。不论是否由于气候异常还是战争、疾病、饥饿等原因，这些都是不好的。我的工作还包括观察成千上万种因现代工业社会而死亡的美丽生物。我工作中唯一的平静就是意识到我正在为这些事情的解决而工作。除了这个，我还试着通过别的来寻求生活的平衡——诸如建农场，种蔬菜，栽树，修缮河道，在一个充满鼓励的家庭里抚养自己的孩子。

艾德·贝格利

我列出了一份感激清单，想从中找到许多安慰。我想要的的确不多。我很健康，有漂亮的女儿、妻子，有已经长大成人的孩子，有好多朋友。我觉得别人并不比我富有。我还有其他寻求平静的方法，我每天骑自行车从山谷这边爬过Mulholland山，下到河边。我很喜欢到这么高的地方。这是我的生活。你需要越过很多高山，无论是心理的，身体的，然后从山的那一边下来，这是非常值得的。

受访者
简介

艾德·贝格利（Ed Begley Jr，1949～　），美国影星，曾主演《供您决定》、《带我去月球》等多部影视剧，曾因电视剧 St Elsewhere 获得六项艾美奖提名。1993 年，因为在环境方面的努力被任命为洛杉矶市环境事务专员，同时还在圣莫妮卡山保护区工作。

弗雷·贝托（Frei Betto，1944～　），巴西神学家兼记者。真名卡洛斯·阿尔韦托·利瓦尼奥·克里斯托（Carlos Alberto Libanio Christo）。因与古巴总统菲德尔·卡斯特罗关于宗教的系列谈话而闻名于世。1969～1973 年间在巴西军事独裁期间被捕入狱。他还被巴西作家联盟评选为年度人物，获得了 Jubuti 文学奖。作为总统"lula"da Silva 的顾问，他帮助创立了 2003 年开始的反饥饿项目——零饥饿。

阿宾娜·迪·鲍斯罗维瑞（Albina. Du Boisrouvray，1941～），法国慈善家，女伯爵，AFXB 主席及创始人。以对世界儿童工作的贡献闻名于世。1989 年，为了纪念因执行任务而丧生的直升机救护飞行员的儿子，她创立了 AFXB。这一组织在全世界 17 个国家发起了旨在帮助感染艾滋病的受害儿童的创新项目。在她的领导下，AFXB 创立了每年 5 月 7 日的世界艾滋孤儿日。由于对社会和经济发展以及人权的贡献，阿宾娜获得了多项大奖。

博诺（Bono，1960～　），原名保罗·大卫·休森（Paul David Hewson），爱尔兰 U2 乐队主唱兼旋律吉他手。同时他还是一位出色的社会活动家，为推动减免非洲第三世界国家的债务和艾滋病问题游说西方各国以及梵蒂冈，并曾以教皇特使的身份参加八国财长会议。曾被提名诺贝尔和平奖，2003 年获得 Chevalier de l'Ordre National de la Légiond'Honneur，被评为《时代》杂志 2004 年度欧洲人物。

曼戈苏图·布特莱齐（Mangosuthu Buthelezi，约 1940～），南非反对种族隔离制度的黑人精神领袖之一，南非第二大党因卡塔自由党领导人，祖鲁人酋长。出生于南非纳塔尔省马拉巴蒂尼的祖鲁皇家贵族，1975 年他重建以南非最大部族祖鲁为背景的黑人政治组织"民族文化解放运动"（简称"因卡塔"，意为减轻种族歧视和对黑人的压迫），任主席。

保罗·科埃略（Paulo Coelho，1947～　），巴西当代作家。代表著作有《教育戏剧》、《牧羊少年奇幻之旅》（亦译《炼金术士》）、《朝圣》、《在第七天……》三部曲等。其作品赢得了多项国际大奖并被译成多国语言畅销世界。他以其全球性声誉来对抗贫穷，并通过他的保罗·科埃略学会帮助巴西的贫困人群。他还与联合国教科文组织合作，担任跨文化对话和精神聚合论坛的特别顾问，以倡导文化的多元化。2007 年 9 月，科埃略被任命为联合国和平使者。

大卫·弗罗斯特（David Frost，1939～　），英国资深主持人、制作人、作家。现任半岛英文电视台（总部设在卡塔尔）主持人、记者，以访问世界领袖著称。他是全球唯一访问过 20 世纪 60 年代至今美国全部 7 任总统及英国 6 任首相的记者。著有《世界最短的书》等十余部作品,他主持的节目获奖无数,其中包括两次艾米奖。1993 年被封为爵士。

鲍勃·吉尔道夫(Bob Geldof,1951~),英国摇滚音乐家、演员,热心公益活动。The Boomtown Rats 乐队的创始人,现场帮助活动的活动家及创始人。曾借发行唱片《他们知道圣诞节来临吗?》及举办"生命救助"慈善演唱会募款,救济非洲饥民。1986 年被授予荣誉爵士,并两度(1986、2006)被提名诺贝尔和平奖。

阿莫斯·吉泰(Amos Gitai,1950~),以色列电影制片人。曾执导《申命记》、《日复一日》、《赎罪日》、《自由地带》、《每个人都有他自己的电影》等多部电影,获得戛纳电影节、威尼斯电影节多项提名,并获得包括 1989 年威尼斯电影节影评奖在内的众多奖项。

扎克·戈德史密斯(Zac Goldsmith,1975~),英国环境保护主义者,导演,生态学家。1998 年以来担任环保杂志《生态学家》主编,致力于全球公司所导致的环境威胁活动等。在他所支持的众多倡议中有"有机目标法案"。他对人们环境意识的提高作出了一定贡献,募集资金超过 500 万英镑。

伊拉娜·古尔(Ilana Goor),以色列雕刻家、设计师。从 20 世纪 70 年代起,她的作品就在全世界的一些陈列馆、博物馆中展览。她还是以色列 Old Jaffa 博物馆的创始人。

　　罗伯特·格雷厄姆（Robert Graham），美国雕刻家，纽约市国家设计协会会员。设计建造了包括洛杉矶市 Our Lady of the Angels 的 Great Bronze Doors 在内的众多公共建筑物。他还是 Knights Malta 的领导人。

　　阿尔弗雷德·格瓦拉（Alfred Guevara），古巴电影艺术和工业学院院长，1959 年古巴革命时成立 ICAIC，2000 年作为院长退休。他还是古巴驻 Unesco 的大使。

　　朱尔斯·霍兰德（Jools Holland，1958～　），英国音乐家、摇滚歌手。和世界上最有天赋的一些音乐家共同表演并灌录唱片。2003 年，因为对英国音乐行业的贡献获得 OBE（大英帝国勋章）大奖。

　　安吉丽卡·休斯顿（Anjelica Huston，1951～　），美国影星、导演。1986 年，因电影《普里兹家族的荣誉》中的角色获得奥斯卡最佳女配角，还因 1990 年的《敌人，一个爱的故事》，1991 年的《千网危情》而获得学院奖提名。

　　达第·强奇（Dadi Janki，1916～　），印度阿布山皇道瑜伽派领袖，当代冥想大师。她曾连续两次获得联合国地球高峰会议颁布的"智慧监守者"荣誉，被称为"世界上最平静安稳的心灵"。

　　乌娜·M. 科罗尔（Una M. Kroll），英国牧师，赋予女性受圣职礼的长期拥护者。1977 年成为威尔士教堂受圣职礼的首位女牧师。

索菲娅·罗兰（Sophia Loren，1934～   ），意大利女演员，以性感偶像崛起，但后来获得尊重和好评，成为二战后最成功的国际影人。曾主演《黑兰花》、《两个女人》、《昨天、今天、明天》、《侵略者》、《那不勒斯湾》、《罗马帝国的覆灭》、《意大利式的结婚》、《向日葵》等多部著名影片，并多次获奖。她是首位因为外语片而获得奥斯卡奖的演员。1961年在戛纳电影节上获最佳女主角。

大卫·林奇（David Lynch，1946～   ），美国导演、作家、艺术家，当代美国非主流电影的代表人物。曾导演《象人》、《蓝丝绒》、《我心狂野》、《斯特雷特的故事》、《穆赫兰道》等著名影片，并多次获奖。

纳尔逊·曼德拉（Nelson Mandela，1918～   ），南非首位民选黑人总统。因长期致力于废除南非种族歧视政策而获得诺贝尔和平奖。1952年成功组织并领导了"蔑视不公正法令运动"，赢得全体黑人的尊敬。1961年创建非国大军事组织"民族之矛"，任总司令。1962年被判处终身监禁，1990年，南非政府迫于舆论压力将其释放。1994～1999年任南非总统。著有《走向自由之路不会平坦》、《斗争就是生活》、《争取世界自由宣言》、自传《自由路漫漫》。

西耶德·侯赛因·纳撒（Seyyde Hossein Nasr），美国华盛顿特区乔治·华盛顿大学伊斯兰研究教授，传统研究协会主席，著有多本伊斯兰专著。

杰克·尼科尔森（Jack Nicholson，1937～　），美国影星、导演。自 1969 年因影片《逍遥骑士》获奥斯卡最佳男配角提名，他至今已先后 12 次获奥斯卡奖提名，三次捧得金像奖，是奥斯卡奖历史上获提名最多的男演员。1994 年美国电影学院授予其终身成就奖。1997 年《帝国》杂志将他列入"当代 100 名杰出影星"。

法拉赫·巴列维（Farah Pahlavi，约 1938～　），伊朗末代王后，也是伊朗历史上第一位被冠以摄政头衔的王后。1975 年嫁给伊朗国王穆罕默德·礼萨·巴列维，1979 年伊朗革命后流亡埃及、法国、美国。著有《忠贞不渝的爱：我与伊朗国王巴列维的生活》（*An Enduring Love：My Life with the Shah*）（2006 年）。

西蒙·佩雷斯（Shimons Peres，1923～　），以色列政治家，先后担任过两届总理、三届外长、三届国防部长。长期致力于缔造中东和平的进程，1994 年，佩雷斯和以色列前总理伊扎克·拉宾、巴勒斯坦前领导人亚西尔·阿拉法特一起获得诺贝尔和平奖。

迈克尔·雷德福（Michael Radford，1946～　），印度导演、作家。曾编导《心太狂》、《钢管舞娘》、《威尼斯商人》、《邮差》等影片，并多次获奖。

埃玛·萨金特（Emma Sergeant），艺术家，以对神秘事物的雕塑和绘画闻名，艺术协会的展览会参加者。

哈利·戴恩·斯坦通（Harry Dean Stanton，1926～　），欧美影星、音乐家。曾参演《气味相投》、《夏威夷金钱游戏》、《内陆帝国》等多部影片。多产且多次获奖。他还是卓有成就的音乐家。

莎朗·斯通（Sharon Stone，1958～　），美国好莱坞女影星。曾出演《倒霉命运》、《丛林之中》、《本能》等多部影片。1996 年因《赌城风云》一片获得学院奖最佳女主角提名，同年获得金球奖提名，1993 年因《本能》再次获得提名。

彼得·乌斯蒂诺夫（Peter Ustinov，1921～2004），英国演员、作家、导演，爵士。曾出演《万夫莫敌》、《土京盗宝记》、《阳光下的罪恶》、《单身汉》、《马丁·路德》等多部影片。奥斯卡双料男演员，Durham 大学校长。1968 年直至 2004 年去世期间，一直担任 UNICEF 亲善大使。

史蒂夫·范（Steve Vai，1960～　），美国音乐家。1980 年作为 Frank Zapper 乐队的吉他手首次踏上舞台。1998 年与 Richard Pike 一起创办了制造噪音组织，致力于帮助年轻音乐家。曾参与电影《十字路口》的演出。专辑有《激情与战争》、《史蒂夫·范/无限延伸——终极精选》等。

戈尔·维达尔（Gore Vidal，1925～　），美国作家、艺评、散文、小说、剧作家。著有《城市与盐柱》、《羊皮书》、

《创造》、《姐妹俩》、《必不可少的戈尔·维达尔》等。当代美国最伟大的自成流派家。活跃在政界，19 岁时写了第一本小说《维列瓦》Williawaw 。

致　　谢

Anna Marie Allport

Tor Belfrage

Marlon Brando

Garry Dhillon

Vincent gibbons

Nellee Hopper

Glaudia Lightfoot

Paul and Francesca Loesby

Rominda Flora Matharu

Kami Naghdi

Shelly Safavi